Bibliografische Information der Deutschen Nationalbibliothek:

Die Deutsche Bibliothek verzeichnet diese Publikation in der Deutschen National-
bibliografie; detaillierte bibliografische Daten sind im Internet über http://dnb.d-
nb.de/ abrufbar.

Impressum:

Copyright © 2014 GRIN Verlag, Open Publishing GmbH
Druck und Bindung: Books on Demand GmbH, Norderstedt Germany
ISBN: 978-3-668-03112-8

Dieses Buch bei GRIN:

http://www.grin.com/de/e-book/302700/raumfahrt-in-modernen-filmen-vor-dem-
physikalischen-hintergrund

Moritz Lehmann

Raumfahrt in modernen Filmen vor dem physikalischen Hintergrund

GRIN Verlag

Raumfahrt in modernen Filmen

von
Moritz Lehman

Seminar:	Physik im Film
Thema:	Raumfahrt in modernen Filmen
Verfasser:	Moritz Lehmann
Abgegeben am:	4. November 2014

Inhaltsverzeichnis

1 Temporärer Lebensraum Erde

Die Erde, unser Lebensraum, wurde nicht für die Ewigkeit geschaffen. Unsere Sonne dehnt sich mit zunehmendem Alter aus, sodass in 1,9 Milliarden Jahren die Durchschnittstemperatur auf der Erde auf insgesamt 100°C angestiegen ist.[1] Die Menschheit wird zu diesem Zeitpunkt längst ausgestorben sein. Nicht durch die Sonne, sondern durch eine sehr wahrscheinlich noch vorher eingetretene Katastrophe, ein Meteoriteneinschlag, ein kurzfristiges Ausfallen des Erdmagnetfeldes bei dessen regelmäßiger Umpolung alle zehntausend Jahre oder der weltweite Nuklearkrieg. Durch Technologie und gute Manieren lässt sich unser Aussterben nur geringfügig hinauszögern. Trotzdem bleibt die von der Sonne gesetzte Deadline – im wörtlichen Sinne gemeint.

Es gibt für uns zwar kein größeres Problem, doch sind 1,9 Milliarden Jahre eine unvorstellbar lange Zeit, so viel Zeit, dass sich heutzutage kaum jemand darüber Gedanken macht. Und in etwa einer Milliarde Jahren haben wir immer noch genug Zeit, nur, dass wir dann schon mächtig ins Schwitzen kommen werden, da die Durchschnittstemperatur zu diesem Zeitpunkt schon auf kritische 30°C angestiegen ist.[1] An den Polkappen kühle 10°C, am Äquator kuschelig warme 50°C im Schatten.

Es gibt nur eine einzige Lösung: Wir müssen irgendwann hier weg. Wir müssen einen anderen geeigneten Exoplaneten – so bezeichnet man Planeten anderer Sonnensysteme – finden, und noch viel wichtiger, wir müssen wissen, wie wir diesen erreichen können, möglichst ohne Jahrtausende auf einem Raumschiff verbringen zu müssen.

Im Laufe der letzten Jahre finden sich dieses und ähnliche Themen sowie mögliche Lösungsansätze vermehrt in Science-Fiction Filmen. Und darum soll es in dieser Arbeit gehen.

2 Raumfahrtmissionen zur Suche unseres Ursprungs in Filmen

Beginnen wir mit einer kleinen wissenschaftlichen Expedition. Bevor wir lernen, wohin wir gehen werden, sollten wir zunächst wissen, woher wir überhaupt kommen. Ist die Erde der einzige Ort im Universum, an dem es Leben gibt, oder gibt es irgendwo da draußen Gleichgesinnte? Vielleicht sogar noch auf einem anderen Himmelskörper in unserem Sonnensystem?

2.1 „Europa Report" – Jupitermond als Lebensraum

Dieser Frage geht der Film „Europa Report" nach. Benannt nach „Europa", einem der vier großen Jupitermonde, handelt er von einer bemannten Expedition dort hin, auf der so einiges schief geht. Europa ist eine Eiswelt, unter deren Oberfläche sich ein Ozean befindet. Ein Ozean aus Wasser, der Grundlage für Leben. Magnetfeldmessungen der Raumsonde Galileo, die Jupiter und seine Monde 14 Jahre lang[2] erkundete, ergaben, dass sich unter Europas Eiskruste eine elektrisch leitfähige Flüssigkeit, vermutlich Salzwasser, befinden muss.[3]

Abbildung 1: Europa

---

[1] http://de.wikipedia.org/wiki/Sonne#Hauptreihenstern (Stand: 29.06.2014)
[2] http://solarsystem.nasa.gov/galileo/ (Stand: 13.08.2014)
[3] https://solarsystem.nasa.gov/europa/evidence.cfm (Stand: 13.08.2014)

2.1.1 Analyse der interplanetaren Reise

Eine Reise im Weltraum ist wesentlich komplexer als die Reise in den Urlaub. Man ist unterwegs im dreidimensionalen Raum, es gibt weder oben noch unten. Dazu kommt, dass sich sowohl Startpunkt als auch Zielpunkt stetig bewegen und man nie den direkten Weg nehmen kann. Man ist den Keplerschen Gesetzen unterworfen und demnach gezwungen, sich auf Parabel-, Hyperbel- oder Ellipsenbahnen zu bewegen. Außerdem gilt es, Treibstoff zu sparen, denn je mehr Treibstoff man benötigt, desto mehr Treibstoff braucht man, um den Treibstoff zu beschleunigen.

Um Treibstoff zu sparen, gibt es in der Raumfahrt einen Trick: das Slingshot- oder auch Swing-by-Manöver. Dabei nähert sich ein Raumschiff einem Himmelskörper an, um an diesem eine Hyperbel- oder Parabelbahn durchzuführen. Aufgrund der Eigenbewegung des Himmelskörpers um sein Zentralgestirn findet ein Impulsaustausch statt. Dabei wird das Raumschiff beschleunigt und der Himmelskörper gebremst (oder anders herum). Da der Himmelskörper im Vergleich zum Raumschiff sehr schwer ist, erfährt er keine messbare Geschwindigkeitsänderung. Auf diese Weise kann ein Raumschiff ohne Treibstoffaufwand Bewegungsenergie aufnehmen oder abgeben.[4]

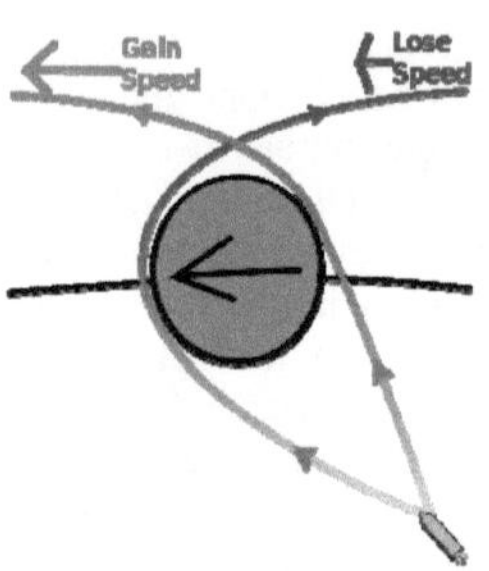

Abbildung 2: Slingshot-Manöver

Im Film sieht die Reise so aus: Eine Trägerrakete befördert Landekapsel und Crew von Kalifornien aus in einen Erdorbit. Die Landekapsel dockt dort an das Orbitalmodul an, das vorher im Erdorbit zusammengebaut und stationiert wurde. Durch eine Triebwerkszündung wird in einer elliptischen Bahn der Mond erreicht, an dem ein Slingshot-Manöver stattfindet. Das Raumschiff befindet sich nun in einer elliptischen Umlaufbahn um die Sonne, die die Umlaufbahn des Mars kreuzt. Nach sechs Monaten findet ein weiteres Slingshot-Manöver am Mars statt, sodass das Raumschiff schnell genug ist, um die Umlaufbahn des Jupiters zu erreichen. Nach insgesamt 20 Monaten bremst das Raumschiff durch eine Triebwerkszündung in eine Umlaufbahn um Jupiter ein. Durch erneuten Einsatz der Triebwerke wird eine Umlaufbahn um Europa erreicht. Dort koppelt sich die Landekapsel vom Orbitalmodul ab und bremst, bis eine parabelförmige Bahn auf die Oberfläche des Mondes erreicht ist. Das Orbitalmodul bleibt weiterhin in der Umlaufbahn. Durch stetiges Bremsen wird die Landekapsel kontinuierlich verlangsamt. Schließlich landet die Crew 22 Monate nach Start der Mission auf Europa – 100 Meter vom geplanten Zielgebiet entfernt.

So weit, so gut. Bis hierhin sieht die Mission so aus technischer Sicht machbar aus. Der Aufwand wäre zwar enorm, da man anstatt einer unbemannten zwei-Tonnen-Raumsonde, wie es Galileo war, eine ganze Raumstation, die sechs Menschen beherbergt, zum Jupiter schickt. Dazu kommt, dass ursprünglich eine Rückreise eingeplant war, was die benötigte Treibstoffmenge und somit das Gewicht des Raumschiffs vervielfachen würde. Dennoch halte ich die Mission lediglich für eine Frage des Budgets.

2.1.2 Projektion auf heutige Technologien

Teile dieser Mission finden sich in realen und bereits durchgeführten Raumfahrtmissionen wieder. Der Start und das Docking-Manöver im Erdorbit sind ein Standardverfahren, wenn alle sechs Monate drei neue Astronauten mit einer russischen

Abbildung 3: Soyuz-Modul dockt an ISS

---

[4] http://de.wikipedia.org/wiki/Swing-by (Stand: 13.08.2014)

Soyuz-Trägerrakete auf die ISS, die Internationale Raumstation, gebracht werden.[5] Ähnlich wie das Orbitalmodul im Film wurde die ISS im Orbit innerhalb von 13 Jahren Stück für Stück zusammengebaut[6], denn keine Trägerrakete konnte die 419 Tonnen schwere Raumstation auf einmal transportieren[7].

Ein Slingshot-Manöver am Mond wurde bei der bemannten Mission Apollo 13 eingesetzt, um die Besatzung der nach einer Explosion eines Sauerstofftanks defekten Raumfähre zur Erde zurück zu bringen.[8]

Die Umlaufbahnen anderer Planeten wurden bisher nur mit unbemannten Raumsonden erreicht, die nach ihrer Missionszeit entweder kontrolliert zum Absturz gebracht wurden (Galileo)[9] oder das Sonnensystem verließen (Voyager 1 und 2)[10].

Bei der Landung auf Europa wird im Film ähnlich vorgegangen wie bei den Mondlandungen der Apollo Missionen. Zunächst wird die Landekapsel vom Orbitalmodul getrennt, sodass nur die leichtere Landekapsel landen und später wieder starten muss. Der Erdmond und auch Europa haben keine Atmosphäre, sodass keine Hitzeschilde und Fallschirme zum Einsatz kommen können. Stattdessen wird die Landekapsel auf dem Sinkflug durch die Triebwerke kontinuierlich abgebremst, bis sie schließlich auf der Oberfläche aufsetzt.[11] Mit einem Radius von 1561 Kilometern ist Europa sogar etwas kleiner als der Erdmond.[12] Die Landung sollte also kein Problem darstellen.

Abbildung 4: Größenvergleich Erdmond (links oben) - Europa (links unten) - Erde (rechts)

2.1.3 Fazit

Der Film „Europa Report" ist auf physikalischer Ebene äußerst realitätsnah. Das Budget der Mission würde sich schätzungsweise auf die doppelten bis dreifachen Kosten der ISS, dem aufwendigsten Bauwerk in der Geschichte der Menschheit, belaufen, und befindet sich daher in einem machbaren, aber eher unrentablen Rahmen. Dennoch ist fraglich, ob solch eine riskante Mission bemannt stattfinden sollte, denn ich halte die im Film genannten Argumente dafür bei Weitem nicht ausschlaggebend genug.

2.2 „Mission to Mars" – Leben auf dem Nachbarplaneten?

Wird das Thema „Extraterrestrisches Leben im Sonnensystem" genannt, so denkt jeder erst einmal an den Mars. Doch der Mars ist eine karge Einöde. Bei einer Durchschnittstemperatur von -55°C und einer dünnen Atmosphäre mit einem Druck von 0,006 Bar bestehend aus 95% Kohlenstoffdioxid[13] stellt sich die Frage, ob ein Mensch ohne Raumanzug zuerst erfrieren, ersticken oder seine Körperflüssigkeiten zu kochen beginnen würden. Trotzdem kann immer noch nicht ausgeschlossen werden, dass der Mars schon immer so lebensfeindlich war.

---

[5] http://www.nasa.gov/mission_pages/station/structure/elements/soyuz/index.html#.U-xXKfl_uPw (Stand: 14.08.2014)

[6] http://www.esa.int/Our_Activities/Human_Spaceflight/International_Space_Station/About_the_International _Space_Station (Stand: 14.08.2014)

[7] http://www.nasa.gov/mission_pages/station/main/onthestation/facts_and_figures.html#.U-xTyvl_uPw (Stand: 14.08.2014)

[8] http://de.wikipedia.org/wiki/Apollo_13#Der_Unfall (Stand: 14.08.2014)

[9] http://solarsystem.nasa.gov/galileo/ (Stand: 14.08.2014)

[10] http://voyager.jpl.nasa.gov/ (Stand: 14.08.2014)

[11] https://www.youtube.com/watch?v=E96EPhqT-ds&feature=youtube_gdata (Stand: 14.08.2014)

[12] http://solarsystem.nasa.gov/planets/profile.cfm?Object=Jup_Europa (Stand: 14.08.2014)

[13] http://de.wikipedia.org/wiki/Mars_(Planet) (Stand: 24.08.2014)

Der Film „Mission to Mars" handelt von den ersten beiden bemannten Raumfahrtmissionen zu unserem Nachbarplaneten und basiert auf der wissenschaftlichen Annahme, dass das Leben ursprünglich dort entstand und primitive Lebensformen durch einen Marsmeteoriten, einen Gesteinsbrocken von dessen Oberfläche, der durch einen Kometeneinschlag ins Weltall geschleudert wurde, auf die Erde kamen. Im Film wird lediglich der Marsmeteorit durch ein außerirdisches Raumschiff ersetzt.

2.2.1 Analyse der interplanetaren Reise

Nachdem sich bei der ersten Mission auf dem Mars ein Unfall ereignete, wurde eine zweite Rettungsmission losgeschickt. Ein Raumschiff, ähnlich aufgebaut wie das Raumschiff aus dem Film „Europa Report", startet aus der Erdumlaufbahn zum Mars. Genauere Einzelheiten dazu werden nicht gezeigt. Beim Mars angekommen muss eine Triebwerkszündung durchgeführt werden, um eine Umlaufbahn um diesen zu erreichen. Es kommt jedoch zu einem Zwischenfall: das Schiff wird von einem Schauer von Kleinstmeteoriten beschädigt. Ein Loch in der Treibstoffleitung bleibt unbemerkt, und der austretende Treibstoff, flüssiges Knallgas (eine hochexplosive Mischung aus Wasserstoff und Sauerstoff), vereist sofort, einige Brocken brechen ab und schweben hinter das Triebwerk. Das Triebwerk wird gezündet, und die Brocken explodieren und zerstören den hinteren Teil des Schiffs.

Abbildung 5: Die Crew zieht sich mit der Harpune zum Orbitalmodul; Commander Woody ist bereits außer Reichweite.

Die vierköpfige Crew entscheidet sich nun dafür, das Schiff in ihren Raumanzügen zu verlassen und mit den Steuerdüsen der Anzüge und einer Harpune das Orbitalmodul der ersten Mission, das gerade zufällig einige hundert Meter entfernt vorbei fliegt, zu erreichen. Drei der Astronauten sind zusammengekettet und halten die Harpune, der vierte, Commander Woody, beschleunigt mit dem Seilende der Harpune zum Orbitalmodul hin. Er prallt dort hart auf und hängt schnell den Haken des Seils ein, schafft es aber nicht, sich selbst festzuhalten. Die anderen drei ziehen sich zum Orbitalmodul hin. Ihr Kamerad ist bereits außer Reichweite. Weil sie trotzdem versuchen, ihn zurückzuholen, öffnet er den Helm seines Raumanzuges und stirbt sofort.

2.2.2 „Mission to Mars" aus physikalischem Blickwinkel

Nun zur Physik. Der austretende Treibstoff gefriert nicht, weil es im Weltraum so kalt ist (siehe Kapitel 3.1.1). Der Weltraum ist Vakuum, es gibt also kein Medium, an das so schnell Wärmeenergie abgegeben werden kann. Vielleicht ist der Grund für das Gefrieren folgender: Knallgas ist bei Normalbedingungen ein Gas. Damit man es in größeren Mengen transportieren kann, wird es verflüssigt. Es steht dabei unter sehr hohem Druck. Wird nun schlagartig der Druck des flüssigen Knallgases verringert, beispielsweise durch ein Leitungsleck, kühlt es sehr schnell ab. Das kann man gut beobachten, indem man bei einem Feuerzeug das Ventil aufdreht, sodass das Gas schnell entweichen kann. Zwar wird es kalt, doch gefriert das entweichende Gas nicht. Es gefriert auch nicht im Vakuum. Hier wurde ganz klar getrickst. Zur Explosion des Triebwerks könnte es aber trotzdem kommen, wenn sich das im Weltraum verteilte Knallgas bis zum Leitungsleck hin entzündet und es in der Leitung zu einer Rückzündung kommt. Der Druck der Reaktion würde die Leitung sprengen.

Der Flug von der Erde zum Mars ist ein sogenannter Hohmann-Transfer[14] und enthält zwei wesentliche Triebwerkszündungen. Durch die erste beschleunigt das Raumschiff um Δv (siehe Abbildung 6) und verlässt so seine erdähnliche Umlaufbahn um die Sonne (1). Über einen elliptischen Halbbogen (2) gelangt das Raumschiff zur Marsumlaufbahn (3). Dann muss das Schiff noch durch eine zweite Triebwerkszündung um $\Delta v'$ beschleunigen, sonst würde es in der elliptischen Umlaufbahn um die Sonne bleiben (gestrichelt) beziehungsweise auf dem Mars abstürzen. Aufgrund der Explosion kann die zweite Triebwerkszündung nicht stattfinden. Die Astronauten im Film führen diese Beschleunigung mit den Steuerdüsen ihrer Raumanzüge durch. Zur ungefähren Berechnung von $\Delta v'$ nehmen wir an, dass sich Erde und Mars auf perfekten Kreisbahnen bewegen.

Die Geschwindigkeit, mit der das Raumschiff die Apoapsis, den von der Sonne am weitesten entfernten Punkt, der elliptischen Umlaufbahn (Nummer 2 in Abbildung 6) erreicht, lässt sich

mit folgender Formel[15] berechnen: $v_a = \sqrt{G \cdot M_\odot \left(\dfrac{2}{r} - \dfrac{1}{a} \right)}$

$R = 150 \cdot 10^9\, m$ ist der Abstand der Erde und $R' = 228 \cdot 10^9\, m$ der des Mars von der Sonne.

$G = 6{,}67 \cdot 10^{-11}\, \dfrac{m^3}{kg \cdot s^2}$ ist die Gravitationskonstante und

$M_\odot = 1{,}99 \cdot 10^{30}\, kg$ ist die Masse der Sonne.[16] Die große Halbachse

$a = \dfrac{R + R'}{2}$ ist der Mittelwert der großen Halbachsen von Erde und Mars

und $r = R'$ ist die aktuelle Entfernung des Raumschiffs von der Sonne.

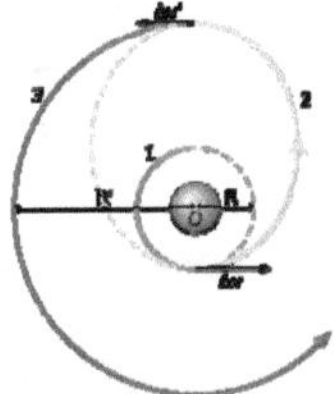

Abbildung 6: Hohmann-Transfer (nicht maßstabsgetreu)

$$v_a = \sqrt{G \cdot M_\odot \left(\frac{2}{R'} - \frac{1}{\frac{R + R'}{2}} \right)} =$$

$$= \sqrt{6{,}67 \cdot 10^{-11}\, \frac{m^3}{kg \cdot s^2} \cdot 1{,}99 \cdot 10^{30}\, kg \cdot \left(\frac{2}{228 \cdot 10^9\, m} - \frac{1}{\frac{150 \cdot 10^9\, m + 228 \cdot 10^9\, m}{2}} \right)} = 21{,}5 \cdot 10^3\, \frac{m}{s}$$

Der Mars kreist mit einer mittleren Geschwindigkeit[16] von $v_M = 24{,}1 \cdot 10^3\, \dfrac{m}{s}$ um die Sonne.

Die Geschwindigkeitsänderung, die die Crew mithilfe ihrer Raumanzüge bewältigen muss,

beträgt also $\Delta v' = v_M - v_a = 24{,}1 \cdot 10^3\, \dfrac{m}{s} - 21{,}5 \cdot 10^3\, \dfrac{m}{s} = 2{,}6 \cdot 10^3\, \dfrac{m}{s}$.

Das entspricht einer Geschwindigkeit von fast 9500 km/h. Mithilfe der Steuerdüsen ihrer Raumanzüge müssen die Astronauten also in wenigen Minuten ungefähr die vierfache Höchstgeschwindigkeit eines Kampfjets erreichen, um zum Orbitalmodul der ersten Marsmission zu gelangen. Ich halte das für unmöglich.

2.2.3 Fazit

Bei dem Film „Mission to Mars" wurden an einigen nicht unrelevanten Stellen die Gesetze der Physik missachtet. Trotzdem sollte man diesen Klassiker kennen, denn es sind bereits erste bemannte Missionen zum Mars in Planung.

---

[14] http://de.wikipedia.org/wiki/Hohmann-Transfer (Stand: 19.08.2014)
[15] [1], S. 14
[16] [1], S. 42; S. 47-48

3 Lebensraum Weltall im Film – Science oder Fiction?

Gerade bei der bemannten Raumfahrt ist das Design des Raumschiffs von wesentlicher Bedeutung. Ein Raumschiff oder eine Raumstation muss in erster Linie den Zweck der Mission erfüllen, doch auch an genügend Komfort für die Besatzung soll es nicht mangeln. In diesem Kapitel sollen exemplarisch jeweils ein großes Raumschiff und eine große Raumstation auf physikalische Besonderheiten hin genauer untersucht werden.

3.1 „Sunshine" – Die erloschene Sonne anzünden

Das 2007 erschienene Science-Fiction-Drama „Sunshine" erzählt die Geschichte der Crew der Icarus II, die mit einer nuklearen Bombe der „Masse Manhattans" die Wasserstofffusion der erloschen Sonne neu entfachen muss. Die Menschheit kann dem solaren Winter auf der Erde nicht mehr lange standhalten und schickt nun, nachdem die Mission Icarus I durch ungeklärte Gründe scheiterte, ein zweites und letztes Raumschiff mit dem gesamten restlichen spaltbaren Material der Erde direkt in die Sonne. Icarus II hat nun die Aufgabe, mit der Megabombe eine hochelliptische Umlaufbahn um die Sonne zu erreichen, an der Periapsis, dem der Sonne am nächsten Punkt der Bahn, die Bombe abzukoppeln, durch Zündung der Boosterraketen in die Korona zu lenken und schließlich zur Erde zurückzukehren.

3.1.1 Der Hitzeschild – Extreme treffen aufeinander

Die Station (siehe Abbildung 7) ist aufgebaut wie folgt: Ganz vorne sitzt der gewaltige Primär-Hitzeschild, der die restliche Station sowie die Bombe von der intensiven Sonnenstrahlung in derer unmittelbaren Nähe abschirmt. Gleich dahinter befinden sich die nukleare Bombe sowie die Booster. Dieser vordere Teil lässt sich abkoppeln. Dahinter

Abbildung 7: Icarus II (vorne) mit Bombe und Sekundär-Hitzeschild (rechts) sowie Stationsstrang und Triebwerk (links), im Hintergrund die verschollene Icarus I mit Primär-Hitzeschild

ist der kleinere Sekundär-Hitzeschild, der die Station nach dem Abkoppeln der Bombe schützt. Die eigentliche Station ist eine lange und schmale Kette mit einigen rotierenden Bauteilen, die beispielsweise den Sauerstoffgarten beherbergen. Am hinteren Ende ist das Haupttriebwerk zu finden, welches Bahnänderungen und Bahnkorrekturen ausführt. Die Station hat somit etwa die Form eines Pilzes.

Das schwierigste Element der Konstruktion des Raumschiffs ist wohl der Hitzeschild. Wärmemanagement ist bei Raumschiffen eine hochkomplexe Sache. Im Weltraum kann überschüssige Wärme nicht so einfach abgegeben werden – die einzige Möglichkeit ist über Infrarotstrahlung, und das dauert. Wenn mehr Wärme aufgenommen wird als abgegeben, wird es für die Besatzung schnell ungemütlich. Bei Raumfahrtmissionen jenseits der Erdumlaufbahn ist

Abbildung 8: Der Primär-Hitzeschild, wegen Wartungsarbeiten schräg zur Sonne geneigt, sodass eine Seite (rechts) abgeschirmt ist

das weniger ein Problem. Wenn es zu kalt ist, kann man heizen, beispielsweise mit der Zerfallsenergie einer Radionuklidbatterie. Aber bei zu großer Hitze, gerade in der näheren

Umgebung der Sonne, ist die beste Möglichkeit der Kühlung, die Wärme gar nicht erst herein zu lassen, sondern zu reflektieren.

Ich werde nun abschätzen, ob die Station ohne Überhitzung die Sonne erreichen kann. Dazu versuche ich zunächst abzuschätzen, wie stark die Sonne im Film geschwächt ist.

Zu Beginn des Films (02:16) wird ein Raum im Primär-Hitzeschild gezeigt, der über einen einstellbaren Filter einen Bruchteil des Sonnenlichts durchlassen kann. Von diesem Raum aus kann die Besatzung der Icarus II die Sonne beobachten. Aus einer Entfernung zur Sonne von $r = 58 \cdot 10^9\,m$ entsprechen im Film circa 2% des Sonnenlichts direktem Sonnenschein auf der Erde mit einer Bestrahlungsstärke von $S = 1{,}37 \cdot 10^3\,\dfrac{W}{m^2}$.[17]

Also bekommt die Icarus II bei geschwächter Sonne folgende Bestrahlungsstärke ab:

$$E_1 \cdot 0{,}02 = S \quad \rightarrow \quad E_1 = \frac{S}{0{,}02} = \frac{1{,}37 \cdot 10^3\,\dfrac{W}{m^2}}{0{,}02} = 69 \cdot 10^3\,\frac{W}{m^2}$$

Die Bestrahlungsstärke, die normalerweise im Abstand von $r = 58 \cdot 10^9\,m$ von der Sonne vorherrscht, berechnet man, indem man annimmt, dass die gesamte Leuchtkraft der Sonne[17] $L = 3{,}85 \cdot 10^{26}\,W$ auf die Oberfläche einer Kugel mit diesem Radius verteilt ist:[18]

$$E_2 = \frac{L}{4\pi \cdot r^2} = \frac{3{,}85 \cdot 10^{26}\,W}{4\pi \left(58 \cdot 10^9\,m\right)^2} = 9{,}1 \cdot 10^3\,\frac{W}{m^2}$$

Das ergibt jedoch keinen Sinn, da die Bestrahlungsstärke der normalen und ungeschwächten Sonne E_2 nur einem Bruchteil von E_1 entspricht. Im Film wäre die Sonnenstrahlung also wesentlich intensiver als normal. Die im Film genannte Prozentzahl stimmt demnach nicht, sodass ich den Grad der Schwächung der Sonne nicht abschätzen kann und für weitere Rechnungen annehmen werde, dass die Sonne „ganz normal" ist.

Ich werde nun berechnen, wie intensiv die Sonnenstrahlung im Abstand von einem Sonnenradius[17] ($r_S = 6{,}96 \cdot 10^8\,m$) von der Sonnenoberfläche ist. Ungefähr bei dieser Entfernung wird die Bombe abgekoppelt und darf heißer werden als sonst, da sie dann nicht mehr die Crew beherbergen muss. Außerdem zerberstet der Hitzeschild so wie so beim Eintritt in die Sonnenoberfläche. Ich verwende dazu wieder obige Formel[18]:

$$E_{max} = \frac{L}{4\pi \left(2 \cdot r_S\right)^2} = \frac{3{,}85 \cdot 10^{26}\,W}{4\pi \left(2 \cdot 6{,}96 \cdot 10^8\,m\right)^2} = 15{,}8 \cdot 10^6\,\frac{W}{m^2}$$

Im Film müssen einige Elemente des Hitzeschildes repariert werden. An dieser Stelle (33:05) nennen zwei Astronauten, die sich am Rand des Schildes befinden, eine Distanz von 300 Metern zu den defekten Spiegeln, die sich in der Nähe des Randes befinden. Somit kann ich den Durchmesser des Hitzeschildes auf circa 5 Kilometer abschätzen.

Der Primär-Hitzeschild der Icarus II hat also den Radius $r_I = 2{,}5 \cdot 10^3\,m$. Damit kommt am Raumschiff folgende Leistung an:

$$P_{max} = E_{max} \cdot r_I^2 \cdot \pi = 15{,}8 \cdot 10^6\,\frac{W}{m^2} \cdot \left(2{,}5 \cdot 10^3\,m\right)^2 \cdot \pi = 3{,}10 \cdot 10^{14}\,W$$

Nehmen wir an, die Spiegel des Hitzeschildes haben einen Reflexionsgrad von 99,9%. Die Icarus II nimmt also nur ein Tausendstel der ankommenden Strahlung auf:

---

[17] [1], S. 47
[18] [1], S. 16

$$P_{ein} = P_{max} \cdot 0{,}001 = 3{,}10 \cdot 10^{14} W \cdot 0{,}001 = 3{,}10 \cdot 10^{11} W$$

Die Rückseite des Hitzeschildes sei mit Radiatoren bestückt. Ein Radiator ist ein Bauteil, das über eine möglichst große Oberfläche Wärme in Form von Infrarotstrahlung abgeben kann. Die Gesamtoberfläche aller Radiatoren sei die zehnfache Oberfläche des Hitzeschildes. Für die Berechnung verwende ich das Stefan-Boltzmann-Gesetz[19]. Die Boltzmann-Konstante ist

$\sigma = 5{,}67 \cdot 10^{-8} \dfrac{W}{m^2 \cdot K^4}$.[20] Ich möchte berechnen,

Abbildung 9: Radiatoren der ISS (weiße Platten)

wie heiß die Radiatoren sein müssen, sodass die Abgabeleistung gleich der eingehenden Leistung vom Hitzeschild entspricht:

$$P_{ein} = P_{aus} = \sigma \cdot A \cdot T^4$$

$$T = \sqrt[4]{\frac{P_{ein}}{\sigma \cdot A}} = \sqrt[4]{\frac{P_{ein}}{\sigma \cdot 10 \cdot r_1^2 \cdot \pi}} = \sqrt[4]{\frac{3{,}10 \cdot 10^{11} W}{5{,}67 \cdot 10^{-8} \dfrac{W}{m^2 \cdot K^4} \cdot 10 \cdot \left(2{,}5 \cdot 10^3 m\right)^2 \cdot \pi}} = 408K = 135°C$$

Erstaunlicherweise ein akzeptabler Wert. Durch Wärmepumpen kann das Innere der Raumstation kühl gehalten werden während die Radiatoren geheizt werden. In Hinblick auf das Wärmemanagement ist die Icarus II also realistisch.

3.1.2 Manövrieren einer Raumstation mit der Masse einer ganzen Stadt in den Erdorbit

Zu einer großen Raumstation gehört auch dazu, wie diese gebaut wird und ob das Ganze auch realisierbar ist. Was im Film nicht gezeigt wird, ist der Start der Icarus II beziehungsweise derer Einzelteile von der Erde. Als der Film beginnt, ist diese bereits 92 Millionen Kilometer von der Erde entfernt. Hat Regisseur Danny Boyle da etwas vor dem Auge der Physik zu verbergen?

Im Film heißt es, die Bombe habe die Masse Manhattan Islands. Die Fläche Manhattan Islands sowie die dortige Gesteinsdichte sind zwar bekannt, doch ist die Angabe ist sehr unpräzise, da sich der Stadtteil New Yorks nicht eindeutig in die Tiefe begrenzen lässt. Somit sind Volumen und damit auch die Masse auf diese Weise nicht zu bestimmen.

Die Bombe ist kubisch und befindet sich mittig auf der Rückseite des Primär-Hitzeschildes. Zu Beginn des Films (01:55) ist die Kantenlänge in Relation zur bereits abgeschätzten Größe des Hitzeschildes zu sehen und kann somit auf etwa einen Kilometer geschätzt werden. Natürlich ist nicht das gesamte Volumen gefüllt mit spaltbarem Material. Bei Nuklearwaffen darf sich nicht zu viel davon an einer Stelle befinden, sonst startet die Zerfallsreaktion von selbst. Außerdem muss sich das spaltbare Material in einer extrem festen Metallhülle befinden, damit sich für eine effektive Reaktion genug Druck aufbauen kann und das Material nicht einfach in alle Richtungen wegfliegt, bevor es überhaupt gespalten wurde. Beispielsweise „[die Atombombe] Little Boy enthielt insgesamt 64 kg Uran [...]. Nach heutigen Schätzungen wurde weniger als ein Kilogramm zur Spaltung gebracht."[21] Die Stahlhülle dient außerdem dazu, dass die Bombe den Eintritt in die Sonne bei ihrer enormen Geschwindigkeit überstehen kann.

Im Film heißt es, für die Bombe wurde das gesamte restliche spaltbare Material der Erde verwendet. Vermutlich ist der Großteil davon Uran. Die weltweit vermuteten

---

[19] [1], S. 16
[20] [1], S. 42
[21] http://de.wikipedia.org/wiki/Little_Boy#Z.C3.BCndmechanismus (Stand: 25.08.2014)

Uranvorkommen liegen bei 15,1 Millionen Tonnen.[22] Die Bombe der gescheiterten Icarus I enthält wahrscheinlich bereits die Hälfte davon.

Durch die Dichte von Uran[23] $\rho_U = 19,1\frac{g}{cm^3} = 19,1\cdot 10^3\frac{kg}{m^3}$ geteilt ergibt sich folgendes Volumen:

$$V_U = \frac{m_U}{\rho_U} = \frac{\frac{1}{2}\left(15,1\cdot 10^9\,kg\right)}{19,1\cdot 10^3\,\frac{kg}{m^3}} = 3,95\cdot 10^5\,m^3$$

Das restliche Volumen des Würfels $V_S = V_{ges} - V_U = 1\cdot 10^9\,m^3 - 3,95\cdot 10^5\,m^3 = 9,996\cdot 10^8\,m^3$ ist wahrscheinlich mit Stahl ausgefüllt. Wie man sieht, nimmt das Uran nur einen winzigen Anteil des Gesamtvolumens ein. Die Masse des verbauten Stahls, welcher hauptsächlich aus Eisen[24] besteht ($\rho_S = 7,9\frac{g}{cm^3} = 7,9\cdot 10^3\frac{kg}{m^3}$) ist also folgende:

$$m_S = V_S \cdot \rho_S = 9,996\cdot 10^8\,m^3 \cdot 7,9\cdot 10^3\,\frac{kg}{m^3} = 7,9\cdot 10^{12}\,kg$$

In Hinblick auf die Gesamtmasse ist die Masse des Urans vernachlässigbar.

Wie bringt man so viel Masse in einen Erdorbit?

Aus Kapitel 2.1.2 wissen wir bereits, dass man große Raumschiffe Stück für Stück mit kleinen Trägerraketen hochschießt und dann erst zusammenbaut. Als Trägerrakete wäre eine europäische Ariane 5 ECA denkbar. Um genau zu sein nicht eine, sondern mehr als 395 Millionen davon. Diese Zahl ergibt sich, wenn man die Masse der Bombe durch die maximale Nutzlast von 20 Tonnen[25] teilt.

Als Treibstoff wird neben den Feststoffboostern auch das aus Kapitel 2.2.2 bekannte Knallgas verwendet, welches durch Elektrolyse aus Meerwasser gewonnen wird und somit nahezu unbegrenzt zur Verfügung steht. Aber bei der Elektrolyse liegt das Problem: in diesem Schritt bekommt der Treibstoff seine Energie.

Die Hauptstufe einer Ariane 5 ECA fasst 25,67 Tonnen Wasserstoff.[26] Bei einer Dichte[24] von $\rho_H = 0,00009\frac{g}{cm^3} = 0,09\frac{kg}{m^3}$ entspricht das bei Normaldruck einem Volumen von

$$V_H = \frac{m_H}{\rho_H} = \frac{25,67\cdot 10^3\,kg}{0,09\,\frac{kg}{m^3}} = 2,85\cdot 10^5\,m^3.$$

Um einen Kubikmeter

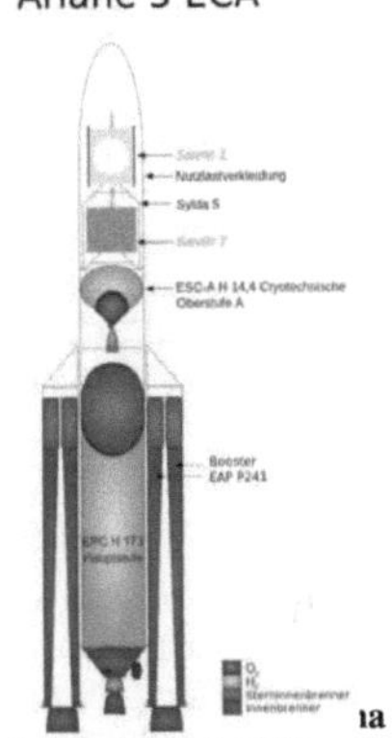

Ariane 5 ECA

der Ariane 5 ECA mit zwei Feststoffboostern (außen) und Hauptstufe (unten mittig)

Wasserstoff herzustellen, benötigt ein modernes Kraftwerk etwa $E = 4,5\cdot 10^3\frac{Wh}{m^3}$.[27] Somit ergibt sich folgende Gesamtenergie allein für die Hauptstufen aller Ariane 5-Raketen:

[22] http://www.bgr.bund.de/DE/Themen/Energie/Downloads/Tabellen_Energiestudie_2013.xlsx?__blob=publicationFile&v=4 (Stand: 25.08.2014)
[23] [2], Kapitel 4, S. 97
[24] [1], S. 49
[25] http://www.esa.int/ger/ESA_in_your_country/Germany/Die_Versionen_der_Ariane_5 (Stand: 25.08.2014)
[26] http://aviation.ferchau.de/news/archiv/details/die-traegerrakete-ariane-eine-europaeische-erfolgsgeschichte-377/ (Stand: 27.10.2014)
[27] Vgl. http://de.wikipedia.org/wiki/Wasserelektrolyse#Technische_Wasserelektrolysen (Stand: 25.08.2014)

$$E_{ges} = N \cdot V_H \cdot E = 395 \cdot 10^6 \cdot 2,85 \cdot 10^5 \, m^3 \cdot 4,5 \cdot 10^3 \, \frac{Wh}{m^3} = 5,1 \cdot 10^{17} \, Wh$$

Das entspricht etwa dem Weltenergieverbrauch von dreieinhalb Jahren.[28] Klingt erst einmal machbar, doch je länger man an das Szenario im Film denkt, desto unmöglicher wird es, diese Energie aufzubringen. Die Sonne ist am Erlöschen, damit ist die umweltfreundliche Solarenergie raus. Erdöl und Erdgas sind im Jahr 2057, in dem der Film spielt, längst aufgebraucht. Und die guten alten Kernkraftwerke gibt es nicht mehr, da das ganze Uran ja hochgebracht werden muss. Wind- und Wasserkraft kann man ohne Sonne auch vergessen. Da beleibt nur noch die Geothermie, und die funktioniert in so großem Maßstab vermutlich nicht, da ja neben dem Projekt Icarus auch noch sieben Milliarden Menschen ihre Wohnung heizen wollen.

3.1.3 Fazit

In Hinblick auf das Wärmemanagement des Raumschiffs Icarus II ist der Film aus physikalischer Sicht realistisch. Aber das war auch schon nahezu alles.

Die Sonne wird nicht erlöschen, besonders nicht schon im Jahre 2057, sondern an Leuchtkraft zunehmen (siehe Kapitel 1). Eine nukleare Bombe in der Größe eines Kubikkilometers hätte außerdem niemals genug Sprengkraft, um in der 1391400 Kilometer großen Sonne[29] auch nur das Geringste zu bewirken. Es ist so, wie wenn man einen heißen Stein in einen Ozean wirft.

Allein die Energiemenge, die für die Hauptstufen der 395 Millionen Trägerraketen, die lediglich die Bombe, einen Teil eines Raumschiffs, in einen niedrigen Erdorbit transportieren, benötigt wird, ist kaum vorstellbar. Und die Icarus II ist schon das zweite Schiff, das bis zum Jahr 2057 gebaut wurde.

Hinzu kommen einige triviale Fehler mit der „künstlichen Gravitationskraft" in nicht rotierenden Bereichen des Raumschiffs.

Dennoch macht der spannende Plot „Sunshine" zur einen sehenswerten Film, sofern man nicht zu viel an die Physik denkt.

3.2 „Elysium" – Künstliche Atmosphäre in einer Raumtation

Der Film Elysium basiert auf dem Szenario, dass die Menschen die Erde aufgrund von Verschmutzung und immer weiter steigendem Bevölkerungsdruck verlassen müssen. Einen Rückzugsort stellt die im Erdorbit stationierte Raumstation Elysium dar, welche jedoch ausschließlich reichen Menschen vorbehalten ist.

3.2.1 Weiterentwicklung der Idee aus „2001: Odyssee im Weltraum"

Besonders bemerkenswert ist das Design der Raumstation, das sehr stark an die Raumstation im wesentlich älteren Science-Fiction-Klassiker „2001: Odyssee im Weltraum" erinnert: Auch diese Raumstation ist Ringförmig und besitzt eine Eigenrotation, sodass künstliche Schwerkraft ermöglicht wird. Dieses Konzept ist heutzutage gerade in populärwissenschaftlichen Medien sehr

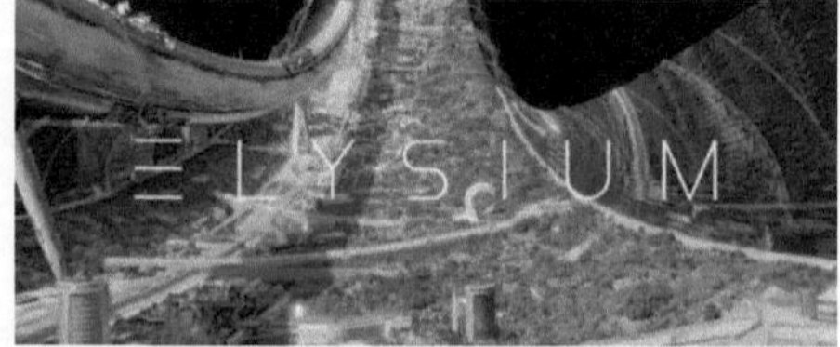

Abbildung 11: Äußerer Ring der Raumstation Elysium. Ähnlich wie ein Fahrradmantel ist der Ring nach innen hin geöffnet. Die Seitenwände sind etwa 200 Meter hoch.

---

[28] http://de.wikipedia.org/wiki/Weltenergiebedarf (Stand: 25.08.2014)
[29] [1], S. 47

bekannt und soll deshalb hier nicht explizit überprüft werden. Die entscheidende Änderung ist jedoch, dass die Raumstation Elysium auf der Innenseite des Ringes zum Weltraum hin dauerhaft geöffnet ist (siehe Abbildung 11). Die Konstruktion ähnelt dadurch dem Mantel eines Fahrradreifens. Allein durch die Rotation soll so in diesem gigantischen „Fahrradmantel" eine Atmosphäre gehalten werden, die Menschen und Pflanzen das Leben ermöglicht. Der Unterschied zur Erdatmosphäre ist nur folgender: die Atmosphäre der Erde ist etwa 100 Kilometer dick, die auf Elysium ist um den Faktor 500 dünner. Es stellt sich also die Frage, ob es möglich ist, ausreichend Atmosphärendruck sicherzustellen, ohne dass Elysium so schnell rotieren muss, dass die Menschen zerquetscht werden.

3.2.2 Sinnvoll oder nur futuristische Vision?

Das Verhältnis zwischen Atmosphärendruck und Zentripetalbeschleunigung in diesem Fall lässt sich recht einfach mit der Barometrischen Höhenformel[30] nachprüfen:

$$p = p_0 \cdot e^{\,-\frac{a \cdot h \cdot \rho_0}{p_0}}$$

Mit der Formel lässt sich der Druck p in der Höhe h über einem Punkt mit bekanntem Druck p_0 sowie bekannter Dichte ρ_0 bei bekannter Beschleunigung a berechnen. Für den vorliegenden Fall löse ich die Formel nach der Beschleunigung auf. Ich nehme an, dass die Beschleunigung unabhängig von der Höhe ist, da die maximale Höhe im Vergleich zum Radius der rotierenden Raumstation sehr gering ist.

Der Druck am Boden ist etwa $p_0 = 1 \cdot 10^5 \, Pa$, am oberen Rand ist nahezu kein Druck mehr vorhanden; ich habe hierfür den Druck der Erdatmosphäre in 600km Höhe[31] gewählt, da dieser eine Art Übergang zum Vakuum des Weltalls darstellt: $p = 1 \cdot 10^{-6} \, Pa$. Die Dichte der Luft[32] am Boden beträgt etwa $\rho_0 = 1,29 \frac{kg}{m^3}$ und die Höhe ist $h = 200m$.

$$a = -\ln\!\left(\frac{p}{p_0}\right) \cdot \frac{p_0}{h \cdot \rho_0} = -\ln\!\left(\frac{1 \cdot 10^{-6} \, Pa}{1 \cdot 10^5 \, Pa}\right) \cdot \frac{1 \cdot 10^5 \, Pa}{200m \cdot 1,29 \frac{kg}{m^3}} = 9,82 \cdot 10^3 \, \frac{m}{s^2} = 1001 \cdot g$$

Um bei einer 200 Meter dicken Atmosphäre einen Bodendruck von einem Bar aufrecht zu erhalten, müsste sich die Raumstation so schnell drehen, dass eine Zentripetalbeschleunigung von $9,82 \cdot 10^3 \, \frac{m}{s^2}$ vorherrscht. Die Drehgeschwindigkeit ist nicht unbedingt das Problem, sondern die Beschleunigung selbst: Nicht nur die Luft wird beschleunigt, sondern auch die Menschen, die diese atmen sollen. Es gibt also zwei Möglichkeiten auf der Raumstation Elysium: Entweder die Raumstation dreht schnell genug, dass die Menschen atmen könnten – das würde bedeuten, dass sie mehr als der 1000-fachen Erdanziehungskraft ausgesetzt wären und sofort aufgrund ihres eigenen Körpergewichts zerquetscht werden würden – oder die Raumstation dreht langsam, sodass normale Anziehungskraft vorherrschen würde – das würde bedeuten, dass die Menschen so enden würden, wie Astronauten im Weltraum ohne Raumanzüge. Es wäre höchstens ein Kompromiss bei 2,4g Anziehungskraft, einer Höhe der Seitenwände von 15 Kilometern und einer Atmosphäre aus reinem Sauerstoff[32] bei 0,21 Bar möglich. Sehr widrige, aber nicht sofort tödliche Überlebensbedingungen. Die künstliche Atmosphäre der Raumstation ist demnach nicht sinnvoll.

---

[30] http://www.phynet.de/mechanik/dynamik/aerodynamik/der-schweredruck-in-gasen (Stand: 03.09.2014)
[31] http://upload.wikimedia.org/wikipedia/commons/6/6b/Atmosph%C3%A4re_Dichte_600km.png (Stand: 03.09.2014)
[32] [1], S. 49

3.2.3 Fazit

Der Film „Elysium" ist nicht nur aus physikalischer Sicht äußerst interessant. Die im Film thematisierte Kluft zwischen der armen Bevölkerung sowie den egoistischen Multimilliardären findet sich – ausgenommen des Films „The Purge: Anarchy" – in keinem weiteren Filmwerk in so dreister Darstellung.

4 Interstellare Reisen in Filmen

Jetzt kommen wir zur Königsdisziplin der Raumfahrt: interstellare Reisen. „Interstellar" bedeutet soviel wie „zwischen den Sternen". Es geht darum, das eigene Sonnensystem zu verlassen und zu anderen Sternen und deren Planteten zu gelangen. Noch vor 25 Jahren hätte kaum jemand gedacht, dass überhaupt Planeten außerhalb des eigenen Sonnensystems, sogenannte Exoplaneten, existieren können.

Das knifflige an interstellaren Reisen ist, dass der Maßstab noch einmal nach oben geschraubt wird. Der kleinste Maßstab in der Raumfahrt ist das System Erde-Mond. Soweit sind Menschen schon gekommen. Die Reise dorthin dauert einige Tage. Das nächst größere System ist unser Sonnensystem. Reisen zwischen Planeten dauern einige Jahre und sind heutzutage bereits mit unbemannten Raumsonden möglich. Bei Reisen zwischen Sternen nimmt die zu überwindende Distanz noch einmal um einige Dimensionen zu, sodass je nach Antriebssystem mit einer Dauer im Bereich von Jahrtausenden gerechnet werden muss.

4.1 „Pitch Black – Planet der Finsternis" – Exotischer Exoplanet mit drei Sonnen

Dieses Kapitel ist ein kleiner Exkurs in die Astronomie. Andere Sonnensysteme müssen unserem nicht unbedingt ähneln. Sogar Sonnensysteme mit mehreren Sonnen sind möglich, beispielsweise wenn die Planeten um ein Doppelsternsystem, zwei sich gegenseitig umkreisende Sonnen, kreisen.

Der Science-Fiction-Thriller „Pitch Black – Planet der Finsternis" ist der erste Film aus der Riddick-Reihe. Ein Raumschiff stürzt auf einem Planeten ab, der von drei Sonnen rund um die Uhr beleuchtet wird. Der Planet ist sehr erdähnlich, es gibt normale Oberflächenanziehungskraft und eine für Menschen geeignete Atmosphäre. Es herrschen allerdings wüstenähnliche Bedingungen.

4.1.1 Bewohnbare Planeten außerhalb unseres Sonnensystems

Exoplaneten sind schwierig zu finden. Erst die Technologien der letzten Jahre machten die direkte Identifikation durch optische Teleskope möglich. Weit entfernte Planeten sind sehr dunkel und können optisch nur identifiziert werden, wenn das licht ihres Zentralsterns gezielt ausgeblendet werden kann.
Die Methode, mit der bisher die meisten Exoplaneten identifiziert wurden, heißt Radialgeschwindigkeitsmethode[33]. Sie beruht darauf, dass ein Stern mit einem Planeten stets um den gemeinsamen Schwerpunkt kreist, auch wenn dieser sehr nahe am Zentrum des Sterns liegt. Wenn diese Bahn des Sterns

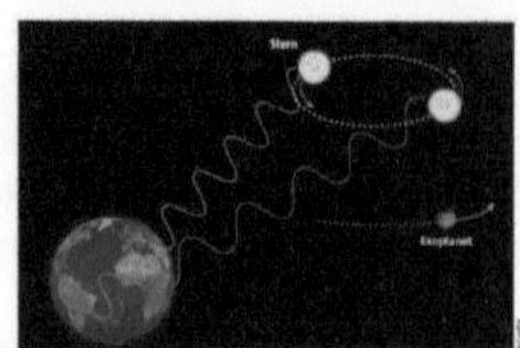

Abbildung 12: Schematische Darstellung der Radialgeschwindigkeitsmethode

---

[33] http://www.esa.int/ger/ESA_in_your_country/Germany/Wir_wissen_noch_zu_wenig_ueber_Exoplaneten /(print) (Stand: 04.09.2014)

mit der Erde ungefähr auf einer Ebene liegt, kann man von der Erde aus aufgrund des Dopplereffekts beobachten, wie der Stern periodisch von der Erde weg und wieder zu ihr hin wandert. Auf diese Weise lassen sich selbst kleinste Bewegungsänderungen feststellen. Das bekannteste Beispiel für den Dopplereffekt im Alltag ist der auf der Straße entgegenkommende Krankenwagen. Erst klingt die Sirene höher (Blauverschiebung) und nach dem Vorbeifahren tiefer (Rotverschiebung). Bewegt sich analog dazu ein Stern von der Erde weg, so kann man eine Rotverschiebung seiner Spektralfarben messen, bewegt er sich auf die Erde zu, so lässt sich eine Blauverschiebung nachweisen. Über die nun bekannte Dauer eines Umlaufs lassen sich weitere Aussagen, beispielsweise über die Masse des Planeten, treffen.

Auch erwähnenswert ist die Transitmethode[34], bei der man einen kurzzeitigen Helligkeitsabfall eines Sterns messen kann, wenn ein Planet genau zwischen dem Stern und der Erde durchwandert.

Wenn der Orbit des Exoplaneten sowie die Spektralklasse des Sterns bekannt sind, lässt sich sagen, ob sich der Planet in der sogenannten habitablen Zone befindet – das ist der Bereich um einen Stern, in dem auf Planeten Temperaturen um den Gefrierpunkt von Wasser herrschen könnten, was eine Voraussetzung für Leben ist.

4.1.2 Tag und Nacht – Nicht so einfach bei drei Sonnen

Im Film ist klar zu erkennen, das zwei der Sonnen einander Umkreisen und stets nah bei einander sind. Dieses Doppelsternsystem kreist mit dem großen dritten Stern um den gemeinsamen Schwerpunkt (siehe Abbildung 13). Die drei Planeten des Systems kreisen ebenfalls um diesen Schwerpunkt, wobei sie sich stets zwischen Doppelsternsystem und dem „Stern 3" befinden.

Abbildung 13: Ein Modell des Sonnensystems im Film "Pitch Black", wie es die Crew in einer verlassenen Forschungsstation vorfindet. Die Besatzung befindet sich auf dem rot markierten Planeten.

Aus physikalischer Sicht sind die Bahnen der drei Sonnen, wie sie im Film gezeigt werden, möglich. Jedoch sind die Planetenbahnen Unsinn.

Dies ergaben mehrere Versuche in einer selbst in Java programmierten Computersimulation des Sonnensystems (weitere Erläuterungen dazu siehe Kapitel 4.2.2). Der Raum zwischen Doppelsternsystem und Stern 3 ist gravitativ äußerst ungünstig: die Planeten werden entweder zum Doppelsternsystem oder zu Stern 3 nach außen weggezogen. Eine zyklische Umlaufbahn ist dort unmöglich.

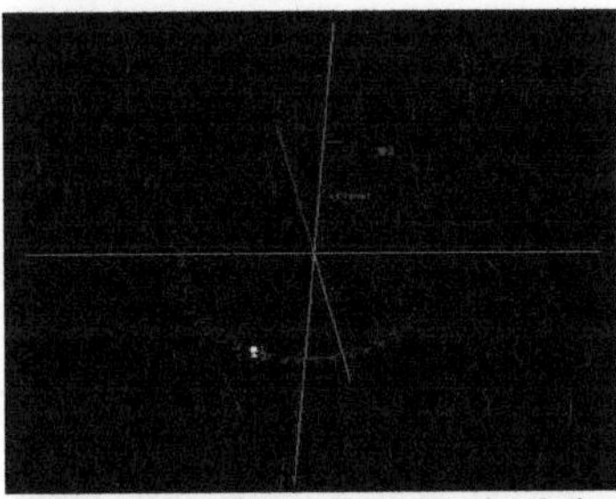

Abbildung 14: Eigene Computersimulation des Sonnensystems. Der Planet kann sich nicht dauerhaft im Raum zwischen dem Doppelsternsystem und Stern 3 aufhalten. Beispielsweise in einem Orbit um Stern 3 kann er diesen Ort jedoch regelmäßig durchqueren. Diese Bahn ist jedoch nicht dauerhaft stabil, da der Einfluss der Sterne 1 und 2 auf den Planeten groß ist.

Genau genommen gelten die Keplerschen Gesetze nur für den ganz bestimmten Fall mit genau zwei punktförmigen Massenkörpern. Dieser Fall existiert in der Realität nicht, denn zum einen ist kein Massenkörper eine perfekte Punktmasse, was zu den Gezeitenkräften führt, und zum anderen gibt es

---

[34] http://www.esa.int/ger/ESA_in_your_country/Germany/Wir_wissen_noch_zu_wenig_ueber_Exoplaneten /(print) (Stand: 04.09.2014)

immer mehr als zwei Massenkörper, was ein mathematisches Problem darstellt, da zahllose Effekte auftreten, beispielsweise die Lagrange-Punkte[35]. Demnach ist eine für alle Zeit stabile Umlaufbahn niemals möglich. Im System aus dem Film existieren jedoch folgende Möglichkeiten relativ stabiler Planetenumlaufbahnen:

1) Enge Umlaufbahn um Stern 1
2) Enge Umlaufbahn um Stern 2
3) Umlaufbahn um Stern 3
4) Umlaufbahn um den gemeinsamen Schwerpunkt von Stern 1 und 2, wobei beide Sterne weit genug entfernt sind, dass die Drehung der einzelnen Sterne um einander sowie Stern 3 nur geringen Einfluss auf die Bahn haben
5) Umlaufbahn um den gemeinsamen Schwerpunkt von Doppelsternsystem und Stern 3, wobei alle Sterne so weit entfernt sind, dass sie näherungsweise als ein einziger Massenpunkt angenommen werden können

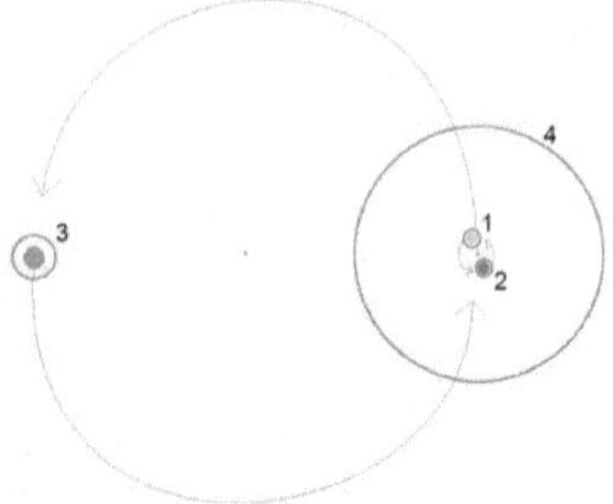

Abbildung 15: Skizze der möglichen Umlaufbahnen (grün). Möglichkeit 5 wurde aus Platzgründen weggelassen.

Die Frage nach Tag und Nacht ist schwierig zu beantworten und hängt außerdem noch von der Eigenrotation des Planeten und der Position der Crew darauf ab (vgl. Polarnacht auf der Erde). Im Film sieht es so aus: 22 Erdenjahre Tag – ein Erdentag Nacht. Hierfür kommen eigentlich nur die Umlaufbahnen 3 und 4 in Kombination mit einer äußerst langsamen Eigenrotation des Planeten in Betracht. Ich halte dies für möglich, wenn auch sehr unwahrscheinlich und aufgrund der großen Gezeitenkraft dieser Orbits von nicht besonders langer Dauer, da langsam rotierende Planeten in engen Umlaufbahnen oft eine sogenannte gebundene Rotation annehmen, das heißt eine ganze Rotation des Planeten entspricht einem Umlauf um den oder die Zentralkörper. Deshalb sehen wir auch immer nur eine Seite unseres Mondes. Bei einem Planeten bedeutet das, dass die Sonne immer auf dieselbe Seite scheint, wodurch die eine Seite mit Lava und die andere mit Eis bedeckt sein würde.

Übrigens: 22,7 Lichtjahre von der Erde entfernt existiert tatsächlich ein solches Dreifachsternsystem. Es trägt die Bezeichnung „Gliese 667". Um den Stern 3 („Gliese 667 C") in diesem System kreisen sieben bisher entdeckte Planeten, von denen sich einige in der habitablen Zone befinden. Der Planet „Gliese 667C f" besitzt etwa die 2,7-fache Masse der Erde und könnte mit dem Wüstenplaneten im Film vergleichbar sein.[36]

4.2 „Avatar – Aufbruch nach Pandora" – Interstellare Reise zu alternativem Lebensraum

Im Film „Avatar – Aufbruch nach Pandora" haben die Menschen auf Pandora, dem Mond eines extrasolaren Gasriesen, ein unglaublich wertvolles Metall gefunden und bauen dieses nun im großen Stil ab, was den einheimischen Humanoiden des Mondes nicht gefällt. Für dieses Kapitel sind gerade die ersten acht Minuten des Films interessant, da dort Informationen zur interstellaren Reise gegeben werden:

Um eine Distanz von „etliche[n] Lichtjahren"[37] zu überwinden, werden die Passagiere für sechs Jahre in einen Schlafzustand versetzt. Das setzt eine Reisegeschwindigkeit voraus, die mit der Lichtgeschwindigkeit vergleichbar ist.

---

[35] http://www.esa.int/ger/ESA_in_your_country/Germany/Exklusiver_Beobachtungsplatz_fuer_Astronomen (Stand: 31.08.2014)

[36] http://www.openexoplanetcatalogue.com/system.html?id=Gliese%20667%20C%20f (Stand: 27.08.2014)

[37] „Avatar – Aufbruch nach Pandora", 2009, 05:01 – 05:03

4.2.1 Vergleich mit heutigen Antriebstechnologien

Sämtliche Triebwerke von bisher gebauten Raumschiffen basieren auf derselben Grundlage: dem Rückstoßprinzip. Üblicherweise wird dieses über Newtons drittes Axiom („actio gleich reactio") erklärt, doch in diesem Fall ist der Impulserhaltungssatz für kleine Zeitschritte geeigneter. Treibstoff wird in unzähligen winzigen Zeitabschnitten nach hinten aus dem Raumschiff hinausgeschossen und aufgrund des Impulserhaltungssatzes wird das Raumschiff in die gewünschte Richtung beschleunigt – ähnlich wie der Rückstoß, wenn ein Gewehr mehrmals abgefeuert wird.

Der Gesamtimpuls im System Raumschiff-Treibstoff sei stets 0:

$$p_{ges} = p_R + p_T = m_R \cdot v_R + m_T \cdot v_T = 0$$

$$v_R = -\frac{m_T \cdot v_T}{m_R}$$

Die Geschwindigkeit des Raumschiffs lässt sich also auf drei Arten vergrößern:

1) Man verwendet mehr Treibstoff
2) Man schießt den Treibstoff schneller heraus
3) Man baut das Raumschiff leichter

amerikanischen Space Shuttles Discovery. Der Impuls der Rakete ist für jeden Zeitschritt im Betrag gleich dem Impuls des Treibstoffs.

Üblicherweise wird eine effektive Mischung aus 1) und 2) verwendet. Diese ist der chemische Antrieb (siehe Abbildung 16). Dabei reagieren die Komponenten des Treibstoffs explosionsartig mit einander, wodurch sich großer Druck aufbaut, welcher nach unten aus dem Triebwerk abgeleitet wird. Diese Art von Triebwerk ist besonders für den Start von der Erde in einen Orbit geeignet, da eine hohe Schubkraft erreicht wird. Der Nachteil dieser Methode ist, dass durch die großen Mengen an Treibstoff die Startmasse der Rakete (Punkt 3)) erhöht wird, was dazu führt, dass man noch mehr Treibstoff benötigt.

Beim sogenannten Ionentriebwerk[38] wird die Strategie etwas abgeändert: wenig Treibstoff wird mit maximaler Geschwindigkeit herausgeschleudert (Punkt 2)). Der Treibstoff – bei dieser Methode „Stützmasse" genannt – wird in gasförmigem Zustand ionisiert und im statischen elektrischen Feld durch ein Gitter beschleunigt. Anschließend werden den Kationen Elektronen zugeführt, damit die austretenden Teilchen wieder ungeladen sind und nicht mehr vom Raumschiff angezogen werden. Zwar sind diese Triebwerke, was die Stützmasse angeht, äußerst sparsam, da sie hauptsächlich Strom benötigen, welcher im Weltall durch Solarzellen quasi unendlich vorhanden ist, doch ist die Schubkraft extrem gering und ungenügend für den Start von einem Planeten. Man würde allerdings selbst damit für eine interstellare Reise Unmengen an Treibstoff benötigen. So käme im Film Jake Sully nie nach Pandora.

Eine kleine Starthilfe, um zumindest die Fluchtgeschwindigkeit von der Sonne zu erreichen, stellen die Planeten dar: durch multiple Slingshots kann das Raumschiff quasi aus dem Sonnensystem herauskatapultiert werden. So konnte Voyager 1 eine Geschwindigkeit von 3,6 AE pro Jahr[39] erreichen, das entspricht circa 0,0057% der Lichtgeschwindigkeit. Mit dieser Geschwindigkeit würde es etwa 76000 Jahre dauern, um das der Sonne am nächsten gelegene Sonnensystem, Alpha Centauri, welches 4,3 Lichtjahre[40] entfernt ist, zu erreichen.

Um die Reisezeit zu verkürzen, müsste das Raumschiff im Film zusätzlich im interstellaren Raum enorm beschleunigen und vor der Ankunft wieder abbremsen, und das ohne viel Treibstoff zu verbrauchen. Denn das Raumschiff sollte ja immer noch möglichst leicht sein, um ein Szenario wie bei der Icarus II in Kapitel 3.1.2 zu vermeiden.

---

[38] [3], S. 73
[39] http://www.nasa.gov/vision/universe/solarsystem/voyager_agu.html (Stand: 31.08.2014)
[40] http://de.wikipedia.org/wiki/Alpha_Centauri (Stand: 31.08.2014)

4.2.2 Antimaterie-Antrieb – Die perfekte Lösung

Das Rückstoßprinzip ist kein zuverlässiger Antrieb für interstellare Reisen. Ich entdeckte jedoch einen theoretischen Ansatz für ein Antriebssystem, das keinerlei Treibstoff benötigt.

Im Frühjahr 2014 programmierte ich privat in Java eine dreidimensionale Simulation des n-Körper-Problems. Das n-Körper-Problem befasst sich damit, für n Massenkörper die gegenseitigen Gravitationseinflüsse auf einander zu berechnen. Mein Algorithmus berechnet dabei in sehr kleinen Zeitabschnitten – je nach Anzahl der Körper bis zu 500000 Mal pro Sekunde – für jeden Körper die Gesamtkraft, die sich aus der Summe der Gravitationskräfte zu allen anderen Körpern ergibt. Daraus werden dann Beschleunigung, Geschwindigkeit und schließlich die neue Position berechnet.

Mehrere Testdurchläufe mit einer Simulation unseres Sonnensystems bestätigten die Funktionalität meines Programms. Ich begann also eine Methode zu programmieren, die mir 500 Körper – der Rechenaufwand steigt quadratisch mit der Anzahl der Körper an, viel mehr schafft mein Laptop nicht – mit zufälliger Startgeschwindigkeit nach Zufallsprinzip in einen begrenzten Bereich um den Koordinatenursprung herum setzt. Ich startete die Simulation. Die Körper bewegen sich in kryptischen Bahnen um einander und um den Ursprung. Es bildet sich eine knotenartige Struktur, vergleichbar mit einem sogenannten offenen Sternhaufen. Nichts Besonderes.

Ich fragte mich, was wohl passieren würde, wenn ich einem Körper eine *negative* Masse zuweisen würde. Wird der Körper einfach abgestoßen? Ich änderte also obige Methode, sodass ein Körper mit großer negativer Masse und ohne Startgeschwindigkeit zu Beginn etwas abseits der Gruppe eingefügt wird. Ich hatte den Körper markiert, sodass ich ihn von den anderen 500 unterscheiden konnte und seine Flugbahn verfolgen kann – diese besteht 25 Punkten zeitlich vor und 25 Punkten zeitlich nach der aktuellen Position des Körpers, welche mit Linien unter einander verbunden sind. Ich startete die Simulation. Das Ergebnis war verblüffend.

Die 500 „normalen" Massenkörper werden zunächst vom Körper mit der negativen Masse abgestoßen. Und nun das Unerwartete: Der Körper mit negativer Masse beschleunigt und schießt wie eine Kanonenkugel in die Gruppe.

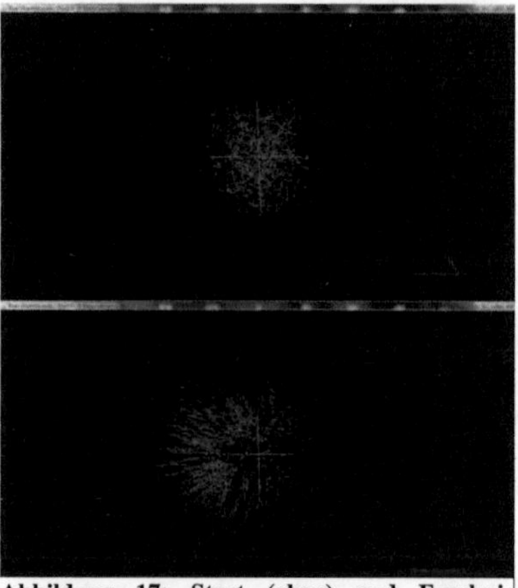

Abbildung 17: Start (oben) und Ergebnis (unten) der Simulation. Der rote Körper hat eine große negative Masse. Seine Anfangsgeschwindigkeit ist 0.

Ein Körper mit negativer Masse stößt andere „normale" Körper ab, wird von den „normalen" Körpern aber *angezogen*.

Um dieses Ergebnis noch einmal zu überprüfen erstellte ich eine weitere Testmethode, die lediglich einen Körper mit positiver und einen mit derselben negativen Masse in den Raum setzt. Beide Körper besitzen keine Anfangsgeschwindigkeit. Ich startete die Simulation. Beide Körper führten eine Bewegung mit konstanter Beschleunigung in *dieselbe* Richtung aus, in die Richtung des „normalen" Körpers. Die Entfernung zwischen den Körpern blieb konstant. Wie ist so etwas Absurdes nur möglich, ohne die Gesetze der Physik zu missachten? Dazu später mehr.

Und da sind wir wieder beim Thema angelangt: einem Antriebssystem ohne Treibstoff. Stellen wir uns vor, der vordere Massenkörper sei unser Raumschiff. Der Körper dahinter hat dieselbe Masse, nur eben negativ. Das Raumschiff beschleunigt zusammen mit der negativen Masse dahinter wie von Geisterhand.

Nun aber zurück zur Physik, die hinter dem Ganzen steckt. Wir betrachten zwei Massenkörper: Körper 1 hat die positive Masse m_1, Körper 2 hat die negative Masse $m_2 = -m_1$. Der Abstand zwischen den Körpern ist r. Der Körper 1 befindet sich *rechts* vom Körper 2.

Es gelten das Newtonsche Gravitationsgesetz sowie das Grundgesetz der Mechanik.

$$F = G \cdot \frac{m_1 \cdot m_2}{r^2}$$

$$F = m_1 \cdot a_1$$

Damit gilt also:

$$G \cdot \frac{m_1 \cdot m_2}{r^2} = m_1 \cdot a_1$$

Nach der Beschleunigung a aufgelöst ergibt sich somit Folgendes:

$$a_1 = G \cdot \frac{m_1 \cdot m_2}{m_1 \cdot r^2} = G \cdot \frac{m_2}{r^2}$$

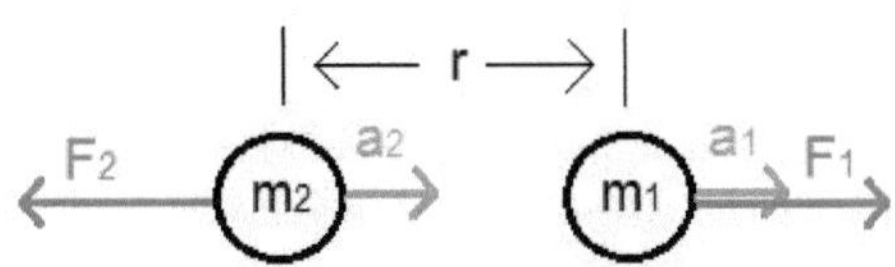

Abbildung 18: Skizze des "Gravitationsantriebs": Obwohl die Kräfte F1 und F2 in entgegengesetzte Richtungen zeigen, wird die Beschleunigung a2 aufgrund der negativen Masse m2 sowie dem Zusammenhang F=m·a umgekehrt, sodass beide Beschleunigungen identisch sind.

a_1 ist die Beschleunigung *in Richtung des anderen Körpers*, die der zweite Körper mit der negativen Masse m_2 auf den ersten Körper mit positiver Masse m_1 ausübt.

$$a_1 = G \cdot \frac{m_2}{r^2} = -G \cdot \frac{m_1}{r^2}$$

m_2 ist negativ, also ist auch a_1 negativ. Der Körper 1 wird also vom Körper 2 abgestoßen und beschleunigt nach rechts.

Wenden wir selbige Gleichung auf den zweiten Körper an:

$$a_2 = G \cdot \frac{m_1}{r^2}$$

m_1 ist positiv, also ist auch a_2 positiv. Der Körper 2 wird also vom Körper 1 angezogen und beschleunigt also ebenfalls nach rechts.

Damit wäre die Sache mit der Beschleunigung schon einmal geklärt. Aber wenn die beiden Körper einmal in Fahrt sind, dann besitzen sie doch eine gewisse kinetische Energie, was sich nicht mit dem Energieerhaltungssatz vereinbaren ließe?

Zu beginn ruhen beide Körper:

$$v_1 = 0 ; \quad v_2 = 0$$

Damit ist die kinetische Energie am Anfang ebenfalls 0:

$$E_0 = \frac{1}{2}m_1 \cdot v_1^2 + \frac{1}{2}m_2 \cdot v_2^2 = 0$$

Die kinetische Gesamtenergie des Systems muss also zu jedem Zeitpunkt 0 sein.

Die Masse von Körper 2 ist im Betrag genauso groß wie die von Körper 1, mit dem Unterschied, dass sie negativ ist:

$$m_2 = -m_1$$

Dadurch sind auch die Beschleunigungen, die die Körper erhalten, identisch (siehe oben), was dazu führt, dass auch die Geschwindigkeiten der beiden Körper zu jedem beliebigen Zeitpunkt gleich sind:

$$v_1 = v_2$$

Damit gilt für die kinetische Energie zu jedem beliebigen Zeitpunkt:

$$E_{kin} = \frac{1}{2} m_1 \cdot v_1^{\ 2} - \frac{1}{2} m_1 \cdot v_1^{\ 2} = 0$$

Übrigens: Ich habe in meine Simulation auch den Effekt der relativistischen Massenzunahme eingebaut, kurz: Je schneller sich ein Körper bewegt, desto größer ist seine Masse. Wenn ich die Lichtgeschwindigkeit im Programm weit genug herabsetze, wird der Effekt deutlich: Die beiden Körper aus obigem Beispiel werden immer schwerer und bewegen sich mit progressiver Beschleunigung immer schneller, bis sie die Lichtgeschwindigkeit erreichen. An diesem Punkt ist mein Programm am Ende seiner Möglichkeiten angelangt, da die Variablen (z.B. die Geschwindigkeiten der Körper) völlig überlaufen und ein Fehler auftritt.

Der Antrieb funktioniert also in der Theorie. Da bleibt die Frage: Was ist negative Masse und kann diese überhaupt existieren? Wo man auch hinsieht, jedes erdenkliche Material oder Teilchen hat entweder eine positive Masse oder keine Masse (z.B. Photon).

Außer vielleicht Antimaterie. Zu jedem Quark – das sind die kleinsten nachgewiesenen Bestandteile der Elementarteilchen, aus denen sämtliche Atome aufgebaut sind – existiert auch eine Art Spiegelbild, ein sogenanntes Antiquark. Aus Antiquarks lassen sich ebenfalls Atome zusammenbauen – im Allgemeinen Antimaterie genannt.
Die Herstellung von Antimaterie auf der Erde ist extrem schwierig und nur in einem Teilchenbeschleuniger möglich.
Noch viel problematischer ist der Umgang mit Antimaterie: kommt sie mit normaler Materie in Berührung, kollabieren Materie- und Antimaterieteilchen und reine Energie entsteht, ein Vielfaches der Energie, die beim schlagartigen Zerfall derselben Menge Plutonium frei wird.
Die einzige Möglichkeit, Antimaterie aufzubewahren und zu speichern, ist in einer magneto-optischen Falle[41]. Ungeladene Antimaterieteilchen werden darin von Magneten und Lasern im Hochvakuum bei einer Temperatur von wenigen Kelvin in Position gehalten, ohne mit irgendetwas in Berührung zu kommen.
2011 gelang es CERN auf diese Weise, 309 Antiwasserstoffatome 17 Minuten lang zu speichern.[42]

Ob Antimaterie wirklich eine negative Masse besitzt, ist noch nicht geklärt. Das folgende Experiment könnte darüber Auskunft geben:
Es genügt nicht, auf der Erde die magneto-optische Falle auf eine Waage zu stellen und zu schauen, ob sie schwerer wird, wenn man Antimaterie einfängt. Denn: Negative Masse wird von positiver Masse ganz normal angezogen. Die Waage würde also ganz normal ein positives Gewicht anzeigen. Und die abstoßende Kraft, die auf die Erde wirkt, lässt sich aufgrund derer riesigen Masse nicht nachweisen.
Die einzige Möglichkeit ist die Gravitationswaage: Man bringt einen Massenkörper, beispielsweise eine Bleikugel, in die unmittelbare Nähe der Antimaterie, korrigiert die anziehende Gravitationskraft, die auf die Antimaterie in der Falle wirkt, durch den Laser und misst die (hoffentlich abstoßende) Gravitationskraft, die die Bleikugel erfährt.
Die Gravitationskraft ist sehr schwach, sodass man genauso wie bei einer normalen Gravitationswaage relativ große Massen benötigt, um eine messbare Kraft zu erhalten. Große Massen heißen auch: viel Antimaterie. Mehr als 309 ungefährliche Atome. Mindestens einige Gramm. Und da liegt das Problem, das die Durchführung dieses Versuchs extrem erschwert. Um im Falle eines technischen Defekts der magneto-optischen Falle eine nukleare

---

[41] http://de.wikipedia.org/wiki/Magneto-optische_Falle (Stand: 29.06.2014)
[42] Vgl. http://de.wikipedia.org/wiki/Antimaterie#Antimaterie_auf_der_Erde (Stand: 29.06.2014)

Katastrophe zu vermeiden, sollte dieses Experiment nicht auf der Erde durchgeführt werden. Der Mond wäre hierfür geeigneter. Was das kosten würde, daran möchte ich gar nicht erst denken.

4.2.3 Fazit

Bemannte interstellare Reisen werden wohl auch in fernster Zukunft eine riesige Herausforderung bleiben. Damit ist und bleibt der Film „Avatar – Aufbruch nach Pandora" Science-Fiction.

5 Gesamtfazit und Ausblick auf den Kinostart von „Interstellar"

Wie man sehen konnte, sind viele futuristische Konzepte zum Thema Raumfahrt auf physikalischer Ebene möglich. Trotzdem sind die meisten davon wirtschaftlich oder technisch noch nicht realisierbar. Es wird auch noch lange dauern, bis bemannte Missionen außerhalb des Erdorbits stattfinden werden. Dass gerade bei der bemannten Raumfahrt sehr viel schief gehen kann, haben die beiden Space Shuttle-Unglücke der Challenger und Columbia gezeigt. In der Raumfahrt gilt eben Murphy's law: „Anything that can go wrong will go wrong.". Auch bei der unbemannten Raumfahrt kann der kleinste Fehler sehr teuer werden: Erst kürzlich erreichten zwei europäische Galileo-Navigationssatelliten aufgrund eines Fehlers eine falsche Umlaufbahn. Die Kosten dafür könnten im zehnstelligen Bereich liegen.[43]

Eines ist aber sicher: Bemannte interstellare Reisen sind und bleiben eine futuristische Vision. Die heutige Technologie ist dafür nicht ausreichend. Man kann aber nicht sagen, dass sie unmöglich sind. Bereits heute existieren unzählige Konzepte. Ein bekanntes davon beruht auf der Überlegung, dass sich Objekte schneller als Licht bewegen, wenn der Raum sich *mitbewegt*. Das wurde bereits an sehr weit entfernten Galaxien bewiesen. Da sich der Raum, in dem sie sich bewegen, zwischen der Erde und den weit entfernten Galaxien ausdehnt, bewegen sie sich relativ zu uns schneller als Licht. Im Raum selbst ist natürlich alles auf Lichtgeschwindigkeit begrenzt.

In einem Anderen Konzept wird die Gravitation als zusätzliche Räumliche Dimension betrachtet. Projiziert man den normalen dreidimensionalen Raum auf eine Zweidimensionale Fläche und fügt die Gravitation als räumliche Tiefe hinzu, so werden Objekte großer Masse durch Kuhlen sichtbar. Bei sogenannten schwarzen Löchern, Objekten, die nahezu unendliche Gravitation ausüben, könnten diese Kuhlen so tief sein, das sich zwei gegenüberliegende zu einem Tunnel verbinden (siehe Abbildung 19). Kurz: Wurmlöcher. Dieses Konzept greift Christopher Nolan in sinem Film „Interstellar" auf, welcher voraussichtlich

Abbildung 19: Konzept des Wurmlochs: Über den grünen Weg kann man schnell eine große räumliche Strecke (rot) überbrücken.

ab November in den deutschen Kinos zu sehen sein wird. Darin ist die Menschheit gezwungen, den Raum jenseits des eigenen Sonnensystems zu erforschen, da die Erde nicht mehr lange bewohnbar sein wird. Vielleicht enthält dieser Film entscheidende Ideen zu der Frage, ob die Menschheit einmal auf der Erde sterben wird, auf die später einmal wissenschaftlich eingegangen werden kann. Ich persönlich freue mich sehr auf den Streifen, da bereits vorherige Filme dieses Regisseurs, beispielsweise „Inception" oder „The Dark Knight", grandios waren und man bis zum Ende nicht sagen konnte, wie die Geschichte enden wird.

---

[43] http://www.n-tv.de/wissen/Galileo-Satelliten-fliegen-auf-falscher-Bahn-article13475326.html (Stand: 02.09.2014)

6 Quellenverzeichnis

Informationsquellen
Buchquellen

[1] Dr. Tilman Pehle, Dr. Lutz Engelmann: Formelsammlung Naturwissenschaften. 1. Auflage, H. Heenemann, Berlin, 2013

[2] William M. Haynes: CRC Handbook of Chemistry and Physics, 93rd Edition. CRC Press, 2012

[3] Ferdinand Hermann-Rottmair, Prof. Detlef Hoche, Prof. Dr. habil. Lothar Meyer et al.: Physik Bayern Gymnasium 11. 1. Auflage, DUDEN PAETEC Schulbuchverlag, 2009

15   [1], S. 14
16   [1], S. 42; S. 47-48
17   [1], S. 47
18   [1], S. 16
19   [1], S. 16
20   [1], S. 42

23   [2], Kapitel 4, S. 97
24   [1], S. 49

29   [1], S. 47

32   [1], S. 49

38   [3], S. 73

Internetquellen

1   http://de.wikipedia.org/wiki/Sonne#Hauptreihenstern (Stand: 29.06.2014)
2   http://solarsystem.nasa.gov/galileo/ (Stand: 13.08.2014)
3   https://solarsystem.nasa.gov/europa/evidence.cfm (Stand: 13.08.2014)
4   http://de.wikipedia.org/wiki/Swing-by (Stand: 13.08.2014)
5   http://www.nasa.gov/mission_pages/station/structure/elements/soyuz/index.html#.U-xXKfl_uPw (Stand: 14.08.2014)
6   http://www.esa.int/Our_Activities/Human_Spaceflight/International_Space_Station/About_the_International_Space_Station (Stand: 14.08.2014)
7   http://www.nasa.gov/mission_pages/station/main/onthestation/facts_and_figures.html#.U-xTyvl_uPw (Stand: 14.08.2014)
8   http://de.wikipedia.org/wiki/Apollo_13#Der_Unfall (Stand: 14.08.2014)
9   http://solarsystem.nasa.gov/galileo/ (Stand: 14.08.2014)
10   http://voyager.jpl.nasa.gov/ (Stand: 14.08.2014)
11   https://www.youtube.com/watch?v=E96EPhqT-ds&feature=youtube_gdata (Stand: 14.08.2014)
12   http://solarsystem.nasa.gov/planets/profile.cfm?Object=Jup_Europa (Stand: 14.08.2014)
13   http://de.wikipedia.org/wiki/Mars_(Planet) (Stand: 24.08.2014)
14   http://de.wikipedia.org/wiki/Hohmann-Transfer (Stand: 19.08.2014)
21   http://de.wikipedia.org/wiki/Little_Boy#Z.C3.BCndmechanismus (Stand: 25.08.2014)
25   http://www.esa.int/ger/ESA_in_your_country/Germany/Die_Versionen_der_Ariane_5 (Stand: 25.08.2014)

26   http://aviation.ferchau.de/news/archiv/details/die-traegerrakete-ariane-eine-europaeische-erfolgsgeschichte-377/ (Stand: 27.10.2014)
27   Vgl. http://de.wikipedia.org/wiki/Wasserelektrolyse#Technische_Wasserelektrolysen (Stand: 25.08.2014)
28   http://de.wikipedia.org/wiki/Weltenergiebedarf (Stand: 25.08.2014)
30   http://www.phynet.de/mechanik/dynamik/aerodynamik/der-schweredruck-in-gasen (Stand: 03.09.2014)
31   http://upload.wikimedia.org/wikipedia/commons/6/6b/Atmosph%C3%A4re_Dichte_600km.png (Stand: 03.09.2014)
33   http://www.esa.int/ger/ESA_in_your_country/Germany/Wir_wissen_noch_zu_wenig_ueber_Exoplaneten/(print) (Stand: 04.09.2014)
34   http://www.esa.int/ger/ESA_in_your_country/Germany/Wir_wissen_noch_zu_wenig_ueber_Exoplaneten/(print) (Stand: 04.09.2014)
35   http://www.esa.int/ger/ESA_in_your_country/Germany/Exklusiver_Beobachtungsplatz_fuer_Astronomen (Stand: 31.08.2014)
36   http://www.openexoplanetcatalogue.com/system.html?id=Gliese%20667%20C%20f (Stand: 27.08.2014)
39   http://www.nasa.gov/vision/universe/solarsystem/voyager_agu.html (Stand: 31.08.2014)
40   http://de.wikipedia.org/wiki/Alpha_Centauri (Stand: 31.08.2014)
41   http://de.wikipedia.org/wiki/Magneto-optische_Falle (Stand: 29.06.2014)
42   Vgl. http://de.wikipedia.org/wiki/Antimaterie#Antimaterie_auf_der_Erde (Stand: 29.06.2014)
43   http://www.n-tv.de/wissen/Galileo-Satelliten-fliegen-auf-falscher-Bahn-article13475326.html (Stand: 02.09.2014)

Sonstige
22   http://www.bgr.bund.de/DE/Themen/Energie/Downloads/Tabellen_Energiestudie_2013.xlsx?__blob=publicationFile&v=4 (Stand: 25.08.2014)
37   „Avatar – Aufbruch nach Pandora", 2009, 05:01 – 05:03

Bildquellen
Abbildung 1   http://solarsystem.nasa.gov/images/stryk_ee14_700.jpg (Stand: 13.08.2014)
Abbildung 2   http://wiki.kerbalspaceprogram.com/wiki/File:Gravity_Assist.svg (Stand: 13.08.2014)
Abbildung 3   http://d1jqu7g1y74ds1.cloudfront.net/wp-content/uploads/2011/10/soyuz-iss.jpg (Stand: 14.08.2014)
Abbildung 4   http://de.wikipedia.org/wiki/Europa_(Mond)#mediaviewer/Datei:Europa_Earth_Moon_Comparison.png (Stand: 14.08.2014)
Abbildung 5   Screenshot aus „Mission to Mars", 2000, 53:51
Abbildung 6   http://upload.wikimedia.org/wikipedia/commons/thumb/d/df/Hohmann_transfer_orbit.svg/853px-Hohmann_transfer_orbit.svg.png (Stand: 19.08.2014)
Abbildung 7   Screenshot aus „Sunshine", 2007, 65:16
Abbildung 8   Screenshot aus „Sunshine", 2007, 31:03
Abbildung 9   http://www.spaceflight101.com/uploads/6/4/0/6/6406961/3912071_orig.jpg?443 (Stand: 22.08.2014)
Abbildung 10   http://upload.wikimedia.org/wikipedia/commons/thumb/b/bc/Cut_drawing_of_an_Ariane_5_ECA_DE.svg/602px-Cut_drawing_of_an_Ariane_5_ECA_DE.svg.png (Stand: 27.10.2014)
Abbildung 11   Screenshot aus „Elysium", 2013, 02:01
Abbildung 12   http://www.scilogs.de/kosmo/gallery/10/radialgeschwindigkeitsmethode.jpg (Stand: 04.09.2014)

7 Anhänge

Bedienungsanleitung für die Computersimulation

Das Programm läuft im Compiler BlueJ, der unter
> http://www.bluej.org/

heruntergeladen werden kann. BlueJ setzt voraus, dass JDK (Java Development Kit) installiert ist. Diesen kann unter
> http://www.oracle.com/technetwork/java/javase/downloads/jdk8-downloads-2133151.html

heruntergeladen werden.

Ist BlueJ installiert, öffnen Sie es, gehen Sie in das Menü „Projekt" (oben links) und wählen Sie „Projekt öffnen". Suchen Sie nun den Pfad des Ordners „PhysX3D". Dieser Ordner wird als BlueJ-Datei angezeigt. Klicken Sie dann auf „Öffnen" und fahren Sie fort wie folgt:

1. Rechtsklick auf das folgende Kästchen:

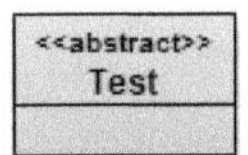

2. Methode auswählen:

Methode	Kapitel	Beschreibung
void pitch_black()	Kapitel 4.1.2	Simulation des Sonnensystems aus dem Film "Pitch Black"
void solar_system()	Kapitel 4.2.2	Simulation unseres Sonnensystems
void random()	Kapitel 4.2.2	Simulation eines "offenen Sternhaufens"
void experiment()	Kapitel 4.2.2	Erstes Experiment zur negatiben Masse
void gravity_propulsion()	Kapitel 4.2.2	Experiment zum Gravitationsantrieb

3. Kurz warten (etwa 5 Sekunden): ein Fenster öffnet sich

4. Mit der Maus drehen (klicken und ziehen) und zoomen (Scrollrad)

5. Fenster schließen

Hinweis

Zugunsten einer konstanten Simulationsgeschwindigkeit hängt die Genauigkeit der Computersimulation (Rechenschritte pro Sekunde) allein von der Rechenleistung des Computers ab.
Auch wenn das n-Körper-Problem nicht durch Algorithmen wie den Barnes-Hut-Algorithmus approximiert wird und die relativistische Massenzunahme berücksichtigt wird, entspricht die Simulation nicht zu 100% der Realität. Dazu fehlt noch
- der Einbau der Möglichkeit von Kollisionen,
- die Behebung der Vereinfachung, dass alle Körper als Punktmassen angesehen werden und
- die Implementierung des Gravitationswelleneffekts.
Letzterer ist zu komplex und speicheraufwendig für die Umsetzung in BlueJ.

Quellcode

<u>Klasse Test</u>

```java
import java.awt.Color;
public abstract class Test {
    private static PhysX physX = new PhysX();

    public static void random() {
        physX.clear();
        int size = 500;
        double r, x, y, z, vx, vy, vz;
        for(int i=0; i<500; i++) {
            x = (Math.random()-0.5)*size;
            y = (Math.random()-0.5)*size;
            z = (Math.random()-0.5)*size;

            r = Math.sqrt(x*x + y*y + z*z);

            vx = (Math.random()-0.5)*100;
            vy = (Math.random()-0.5)*100;
            vz = (Math.random()-0.5)*100;

            physX.insert(null, Color.GREEN, 1, 50, x, y, z, vx, vy, vz);
        }

        physX.simulate();
    }

    public static void experiment() {
        physX.clear();

        int size = 500;
        double r, x, y, z, vx, vy, vz;
        for(int i=0; i<500; i++) {
            x = (Math.random()-0.5)*size;
            y = (Math.random()-0.5)*size;
            z = (Math.random()-0.5)*size;

            r = Math.sqrt(x*x + y*y + z*z);

            vx = (Math.random()-0.5)*100;
            vy = (Math.random()-0.5)*100;
            vz = (Math.random()-0.5)*100;

            physX.insert(null, Color.GREEN, 1, 50, x, y, z, vx, vy, vz);
        }

        physX.insert(null, Color.RED, 10, -7000, 300, 0, 0, 0, 0, 0);

        physX.simulate();
    }

    public static void solar_system() {
        double m = 0.0024;
        physX.clear();

        physX.insert("Sonne", Color.YELLOW, 0.2918,
332942.75192500836960160696350854*m, 0, 0, 0, -0.0337717373331646,
0.0000000000000000201106537642231628420550, 0); // Sonne
        physX.insert("Merkur", Color.ORANGE, 0.001024, 0.0553*m, 0, -3.87, 0,
100.979762142857, 0, 0); // Merkur
        physX.insert("Venus", Color.YELLOW, 0.002541, 0.815*m, 0, -7.23, 0,
73.8417246358908, 0, 0); // Venus
        physX.insert("Erde", Color.BLUE, 0.00267, 1*m, 0, -10, 0, 62.831852, 0, 0);
// Erde
        physX.insert("Mars", Color.RED, 0.0014267, 0.107*m, 0, -15.2, 0,
50.773213373737, 0, 0); // Mars
```

```java
        physX.insert("Jupiter", Color.ORANGE, 0.0300265, 318*m, 0, -52, 0,
27.5485354468803, 0, 0); // Jupiter
        physX.insert("Saturn", Color.YELLOW, 0.0253, 95.2*m, 0, -95.8, 0,
20.4320822186015, 0, 0); // Saturn
        physX.insert("Uranus", Color.CYAN, 0.0107347, 14.5*m, 0, -192, 0,
14.3598566646828, 0, 0); // Uranus
        physX.insert("Neptun", Color.BLUE, 0.0103932, 17.1*m, 0, -301, 0,
11.4759632597087, 0, 0); // Neptun
        physX.insert("Halley'scher Komet", Color.GRAY, 0.0000001,
0.00000000003347840642785403414797455641115*m, 350.82, 0, 0, 0, 2, 0); //
Halley'scher Komet

        physX.simulate();
    }

    public static void pitch_black() {
        double m = 50;
        physX.clear();

        physX.insert("1", Color.YELLOW, 4, 1100*m, -130, 0, 0, 0, -90, 150);
        physX.insert("2", Color.ORANGE, 3, 800*m, -150, 0, 0, 0, -90, -206.25);
        physX.insert("3", Color.BLUE, 5, 1900*m, 150, 0, 0, 0, 90, 0);
        physX.insert("Planet", Color.GREEN, 1, 0.01*m, 70, 0, 0, 0, 350, 30);

        physX.simulate();
    }

    public static void threeBodyProblem() {
        double m = 12;
        physX.clear();

        physX.insert("1", Color.BLUE, 10, 600*m, -20, 0, 0, 0, 19.725875, 0);
        physX.insert("2", Color.YELLOW, 7, 200*m, +60, 0, 0, 0, -59.1776931, 0);
        physX.insert("3", Color.GREEN, 1, 0.1*m, +100, 0, 0, 0, -101.79, 0);

        physX.simulate();
    }

    public static void doubleStarDuet() {
        double m = 5000;
        physX.clear();
        physX.insert("1", Color.BLUE, 5, m, -70, 0, 0, 0, -100, 0);
        physX.insert("2", Color.ORANGE, 2, m, -40, 0, 0, 0, 0, 0);
        physX.insert("3", Color.BLUE, 4, m, 40, 0, 0, 0, 100, 0);
        physX.insert("4", Color.YELLOW, 3, m, 70, 0, 0, 0, 0, 0);

        physX.simulate();
    }

    public static void doubleStar() {
        physX.clear();
        physX.insert("1", Color.GREEN, 5, 50, 0, -10, 0, 10, 0, 0);
        physX.insert("2", Color.GREEN, 5, 50, 0, +10, 0, -10, 0, 0);

        physX.simulate();
    }

    public static void trippleStar() {
        physX.clear();
        physX.insert("1", Color.GREEN, 5, 2500, 0, -10, 0, 100, 0, 0);
        physX.insert("2", Color.GREEN, 5, 2500, -8.6602540378443864676372317075294,
5, 0, -50, -86.602540378443864676372317075294, 0);
        physX.insert("3", Color.GREEN, 5, 2500, 8.6602540378443864676372317075294,
5, 0, -50, 86.602540378443864676372317075294, 0);

        physX.simulate();
    }

    public static void quadStar() {
        physX.clear();
        physX.insert("1", Color.GREEN, 5, 14, 0, -10, 0, 10, 0, 0);
```

```java
        physX.insert("2", Color.GREEN, 5, 14, -10, 0, 0, 0, -10, 0);
        physX.insert("3", Color.GREEN, 5, 14, 0, 10, 0, -10, 0, 0);
        physX.insert("4", Color.GREEN, 5, 14, 10, 0, 0, 0, 10, 0);

        physX.simulate();
    }

    public static void gravity_propulsion() {
        physX.clear();

        physX.insert(null, Color.RED, 3, -100, -10, 0, 0, 0, 0, 0);
            physX.insert(null, Color.GREEN, 3, 100, 10, 0, 0, 0, 0, 0);

        physX.pause(2000);
        physX.simulate();
    }
}
```

Klasse PhysX

```java
import java.awt.Color;
public final class PhysX {

    private Object[] array;
    private int number;
    private Object[] copy;
    private double[][][] path;
    private int pl;

    private Window w;


    private double G;
    private double c;

    public PhysX() {

        // ----------------------------------------------------------------------------
------
        // gravity strength
        G = 50;
        // path length
        pl = 51;
        //speed of light
        c = 632522.3422354672934855607790463463;
        // ----------------------------------------------------------------------------
------

        array = new Object[1000];
        number = 0;
        copy = new Object[1000];
        // [max. number of objects] [path length] [number of dimensions]
        path = new double[1000][pl][3];

        w = new Window();

        for(int i=0; i<array.length; i++) {
            array[i] = null;
            copy[i] = null;
        }
        pause(1000);
        output();
    }

    public void insert(String name, Color c, double r, double m0, double x, double
y, double z, double vx, double vy, double vz) {
        array[number] = new Object(name, c, r, m0, x, y, z, vx, vy, vz);
        number++;
        output();
```

```java
    }

    public void simulate() {
        double timeStep = 0.0000002*number*number; // --> 0 creates a more accurate
simulation
        double fps = 20;

        int counter=0;
        boolean p=true;
        double r=0, ax=0, ay=0, az=0, vx=0, vy=0, vz=0, sx=0, sy=0, sz=0;
        /*
        double[][][] h = new double[1000][30000][3];
        int n=0;
        */
        long start;
        double duration;
        for(int a=0; a >= 0; a++) {
            start = System.nanoTime();
            for(int i=0; i < number; i++) {
                for(int j=0; j < number; j++) {
                    //       ___________________________
                    // r = -/(x2-x1)^2+(y2-y1)^2+(z2-z1)^2
                    r = Math.sqrt(Math.pow(array[j].getX()-array[i].getX(),2) +
Math.pow(array[j].getY()-array[i].getY(),2) + Math.pow(array[j].getZ()-
array[i].getZ(),2));
                    if(array[j] != array[i] && r > 0.1) {
                        // F = F0 + G*m1*m2/r^2 * (x2-x1)/r; a = F/m1    -->    a =
a0 + G*m2/r^2 * ((x2-x1)/r)
                        ax += (G*array[j].getM()/(r*r) * (array[j].getX()-
array[i].getX()))/r;
                        ay += (G*array[j].getM()/(r*r) * (array[j].getY()-
array[i].getY()))/r;
                        az += (G*array[j].getM()/(r*r) * (array[j].getZ()-
array[i].getZ()))/r;
                    }
                }
                // v = a*t + v0
                vx = ax * timeStep + array[i].getVX();
                vy = ay * timeStep + array[i].getVY();
                vz = az * timeStep + array[i].getVZ();
                // s = 1/2*a*t^2 + v0*t + s0
                sx = 1/2 * ax * timeStep * timeStep + array[i].getVX() * timeStep +
array[i].getX();
                sy = 1/2 * ay * timeStep * timeStep + array[i].getVY() * timeStep +
array[i].getY();
                sz = 1/2 * az * timeStep * timeStep + array[i].getVZ() * timeStep +
array[i].getZ();

                /* Cage
                sx = cage(sx, sy, sz, vx, vy, vz)[0];
                sy = cage(sx, sy, sz, vx, vy, vz)[1];
                sz = cage(sx, sy, sz, vx, vy, vz)[2];
                vx = cage(sx, sy, sz, vx, vy, vz)[3];
                vy = cage(sx, sy, sz, vx, vy, vz)[4];
                vz = cage(sx, sy, sz, vx, vy, vz)[5];
                */

                // overwrite data in copy
                copy[i] = array[i];
                copy[i].setPos(sx, sy, sz);
                copy[i].setVel(vx, vy, vz);

                // special relativity effect:   m = m0 / sqrt(1-(v/c)^2)
                copy[i].setM(array[i].getM0() / Math.sqrt(1 -
((Math.pow(array[i].getVX(),2) + Math.pow(array[i].getVY(),2) +
Math.pow(array[i].getVZ(),2))/(c*c))));

                // reset acceleration data
                ax = 0;
                ay = 0;
                az = 0;
```

```java
                    /* gravity wave effect (not yet ready)
                    h[i][n][0] = sx;
                    h[i][n][1] = sy;
                    h[i][n][2] = sz;
                    if(n < 2999) {
                        n++;
                    } else {
                        n = 0;
                    }
                    */

                    // path data
                    if(p) {
                        for(int j=pl-1; j > 0; j--) {
                            path[i][j][0] = path[i][j-1][0];
                            path[i][j][1] = path[i][j-1][1];
                            path[i][j][2] = path[i][j-1][2];
                        }
                        path[i][0][0] = sx;
                        path[i][0][1] = sy;
                        path[i][0][2] = sz;
                    }
                }
            for(int i=0; i<number; i++) {
                array[i] = copy[i];
                copy[i] = null;
            }
            duration = (System.nanoTime()-start);
            timeStep = ((duration/1000000000)+timeStep*999)/1000;
            p=false;
            if(counter >= (1/fps/timeStep)) { // output fps times a second
                output();
                w.drawName("calculations per second: "+(int)(1/timeStep), 400,
300);
                counter = 0;
                p=true;
            }
            counter++;
        }
    }

    public double[] cage(double sx, double sy, double sz, double vx, double vy,
double vz) {
        int size = 500;//(int)(w.getHeight() * 1/3);
        double r[] = new double[6];
        r[0] = sx; r[1] = sy; r[2] = sz;
        r[3] = vx; r[4] = vy; r[5] = vz;
        if(sx < -size) {
            r[3] = 0; r[4] = 0; r[5] = 0;
            r[0]++;
        } else if(sx > size) {
            r[3] = 0; r[4] = 0; r[5] = 0;
            r[0]--;
        }
        if(sy < -size) {
            r[3] = 0; r[4] = 0; r[5] = 0;
            r[1]++;
        } else if(sy > size) {
            r[3] = 0; r[4] = 0; r[5] = 0;
            r[1]--;
        }
        if(sz < -size) {
            r[3] = 0; r[4] = 0; r[5] = 0;
            r[2]++;
        } else if(sz > size) {
            r[3] = 0; r[4] = 0; r[5] = 0;
            r[2]--;
        }
        return r;
```

```java
    }

    public void pause(int x) {
        try {
            Thread.sleep(x);
        } catch(Exception e) {}
    }

    public void clear() {
        for(int i=0; i<array.length; i++) {
            array[i] = null;
        }
        number = 0;
        output();
    }

    public void output() {
        w.clear();

        // crosshair
        w.setColor(Color.ORANGE);
        w.drawLine(w.convert(-300, 0, 0)[0], w.convert(-300, 0, 0)[1],
w.convert(300, 0, 0)[0], w.convert(300, 0, 0)[1]);
        w.drawLine(w.convert(0, -300, 0)[0], w.convert(0, -300, 0)[1], w.convert(0,
300, 0)[0], w.convert(0, 300, 0)[1]);
        w.drawLine(w.convert(0, 0, -300)[0], w.convert(0, 0, -300)[1], w.convert(0,
0, 0)[0], w.convert(0, 0, 0)[1]);
        w.setColor(Color.RED);
        w.drawLine(w.convert(0, 0, 0)[0], w.convert(0, 0, 0)[1], w.convert(0, 0,
300)[0], w.convert(0, 0, 300)[1]);

        double x1, y1, z1, x2, y2, z2;
        for(int i=0; i<number; i++) {
            // path
            w.setColor(Color.DARK_GRAY);
            for (int j=0; j<pl-1; j++) {
                x1 = path[i][j][0];
                y1 = path[i][j][1];
                z1 = path[i][j][2];
                x2 = path[i][j+1][0];
                y2 = path[i][j+1][1];
                z2 = path[i][j+1][2];
                w.drawLine(w.convert(x1, y1, z1)[0], w.convert(x1, y1, z1)[1],
w.convert(x2, y2, z2)[0], w.convert(x2, y2, z2)[1]);
            }
            /* velocty
            w.setColor(Color.GRAY);
            x = array[i].getX();
            y = array[i].getY();
            z = array[i].getZ();
            w.drawLine(w.convert(x, y, z)[0], w.convert(x, y, z)[1],
w.convert(x+(int)array[i].getVX(), y+(int)array[i].getVY(),
z+(int)array[i].getVZ())[0], w.convert(x+(int)array[i].getVX(),
y+(int)array[i].getVY(), z+(int)array[i].getVZ())[1]);
            */
            // objects
            x1 = path[i][pl/2][0];//array[i].getX();
            y1 = path[i][pl/2][1];//array[i].getY();
            z1 = path[i][pl/2][2];//array[i].getZ();
            w.drawObject(array[i].getColor(), array[i].getRadius(), w.convert(x1,
y1, z1)[0], w.convert(x1, y1, z1)[1]);

            // names / coordinates
            w.setColor(Color.RED);
            if(array[i].getName() != null) {
                w.drawName(array[i].getName(), w.convert(x1, y1, z1)[0],
w.convert(x1, y1, z1)[1]);
            }
        }
    }
}
```

Klasse Object

```java
import java.awt.Color;
public class Object {
    // object data
    private String name;
    private double radius;
    private Color color;
    private double m0;
    private double m;
    private double x;
    private double y;
    private double z;
    private double vx;
    private double vy;
    private double vz;

    public Object(String name, Color color, double radius, double m0, double x,
double y, double z, double vx, double vy, double vz) {
        this.name = name;
        this.radius = radius;
        this.color = color;

        this.m0 = m0;
        this.m = m0;

        this.x = x;
        this.y = y;
        this.z = z;

        this.vx = vx;
        this.vy = vy;
        this.vz = vz;
    }

    public String getName() {
        return name;
    }
    public void setName(String Name) {
        this.name = name;
    }

    public double getRadius() {
        return radius;
    }
    public Color getColor() {
        return color;
    }

    public double getM0() {
        return m0;
    }
    public double getM() {
        return m;
    }

    public void setM0(double m0) {
        this.m0 = m0;
    }
    public void setM(double m) {
        this.m = m;
    }

    public double getX() {
        return x;
    }
    public double getY() {
        return y;
    }
    public double getZ() {
```

```java
            return z;
        }

        public double getVX() {
            return vx;
        }
        public double getVY() {
            return vy;
        }
        public double getVZ() {
            return vz;
        }

        public void setPos(double x, double y, double z) {
            this.x = x;
            this.y = y;
            this.z = z;
        }

        public void setVel(double vx, double vy, double vz) {
            this.vx = vx;
            this.vy = vy;
            this.vz = vz;
        }
    }
```

Klasse Window

```java
import javax.swing.JFrame;
import java.awt.Toolkit;
import java.awt.Dimension;
import java.awt.Graphics;
import java.awt.Color;
import java.awt.event.*;
import javax.swing.event.*;

public final class Window {
    JFrame w = new JFrame();
    Graphics g;

    Dimension d = Toolkit.getDefaultToolkit().getScreenSize();
    // position correction
    int cx = 8+(d.width/2);
    int cy = 30+((d.height-24)/2);

    double mx = -30;
    double my = 10;
    double mz = 1;
    public Window() {
        w.setDefaultCloseOperation(JFrame.EXIT_ON_CLOSE);
        w.setTitle("BlueJ: Graphikkonsole - PhysX3D (© Moritz Lehmann)");
        w.setExtendedState(JFrame.MAXIMIZED_BOTH);
        w.setBackground(Color.BLACK);
        w.setVisible(true);
        g = w.getGraphics();

        MouseInputAdapter listener = new MouseInputAdapter() {
            // rotation
            double x;
            double y;
            public void mousePressed(MouseEvent e) {
                x = -mx + e.getX();
                y = -my + e.getY();
            }
            public void mouseDragged(MouseEvent e) {
                mx = e.getX() - x;
                my = e.getY() - y;
                if(my > 141) {
                    my = 141;
                } else if(my < -141) {
```

```java
                    my = -141;
                }
            }

            // zoom
            int z = 0;
            public void mouseWheelMoved(MouseWheelEvent e) {
                z += e.getWheelRotation();
                mz = Math.pow(1.2, z);
            }
        };
        w.addMouseListener(listener);
        w.addMouseMotionListener(listener);
        w.addMouseWheelListener(listener);
    }

    public int getHeight() {
        return d.height-24;
    }

    public void clear() {
        g.clearRect(8, 30, d.width+8, d.height-24);
    }

    public int[] convert(double x, double y, double z) {
        double rx = -mx/90;
        double ry = my/90;
        int[] r = new int[2];
        r[0]                      =                  (int)((x*Math.cos(rx)-(z*Math.cos(ry)-
y*Math.sin(ry))*Math.sin(rx))*mz);
        r[1] = (int)((y*Math.cos(ry)+z*Math.sin(ry))*mz);
        return r;
    }

    public void setColor(Color color) {
        g.setColor(color);
    }

    public void drawObject(Color color, double radius, int x, int y) {
        g.setColor(color);
        int r = (int)(2*radius*mz);
        if(r < 3) {
            r = 3;
        }
        g.fillOval(x -r/2 +cx, y -r/2 +cy, r, r);
    }

    public void drawPath(int x, int y) {
        g.fillRect(x +cx, y +cy, 1, 1);
    }

    public void drawLine(int x1, int y1, int x2, int y2) {
        g.drawLine(x1 +cx, y1 +cy, x2 +cx, y2 +cy);
    }

    public void drawName(String s, int x, int y) {
        g.drawString(s, x +6 +cx, y  +5 +cy);
    }
}
```